将来的你，一定会感谢现在拼命的自己

我之所以这么努力、这么拼命，让自己变得优秀，是不想陷于平凡，荒废人生。

张艳玲 改编

民主与建设出版社

·北京·

© 民主与建设出版社，2021

图书在版编目（CIP）数据

将来的你，一定会感谢现在拼命的自己 / 张艳玲改编 .—北京：民主与建设出版社，2015.10（2021.4 重印）

ISBN 978-7-5139-0850-4

Ⅰ. ①将… Ⅱ. ①张… Ⅲ. ①成功心理—通俗读物Ⅳ. ① B848.4-49

中国版本图书馆 CIP 数据核字（2015）第 251051 号

将来的你，一定会感谢现在拼命的自己
JIANGLAI DE NI, YIDING HUI GANXIE XIANZAI PINMING DE ZIJI

改　　编	张艳玲
责任编辑	王　倩
封面设计	天下书装
出版发行	民主与建设出版社有限责任公司
电　　话	（010）59417747　59419778
社　　址	北京市海淀区西三环中路 10 号望海楼 E 座 7 层
邮　　编	100142
印　　刷	三河市同力彩印有限公司
版　　次	2016 年 1 月第 1 版
印　　次	2021 年 4 月第 3 次印刷
开　　本	710 毫米 ×944 毫米　1/16
印　　张	13
字　　数	130 千字
书　　号	ISBN 978-7-5139-0850-4
定　　价	45.00 元

注：如有印、装质量问题，请与出版社联系。

前言 PREFACE

据统计,职场生涯几乎占据了我们人生的三分之一,甚至更多的时间。可以说,职场上的成功也代表着我们事业的成功,人生的成功。而当今的社会竞争越来越激烈,靠运气取得成功的概率会越来越小。其实,成功的机会把握在自己手里,就像一句歌词——爱拼才会赢。

你要怎样才能从芸芸众生中脱颖而出?爱拼,才能做公司里不可替代的员工,才能做一个VIP员工,做老板眼里的红人,实现从职场龙套到主角的转变。

你现在的生活状态,取决于你的过去;你明天的生活状态,取决于你的现在。拼搏吧,只有拼搏才能改变你将来的生活。

爱拼才会赢,坚定是发射台。

孙中山说过:"人类要在竞争中求生,更要奋斗。"生活中,有人总是把自己的失败归咎于天生资质不好、家庭环境不好,最终以庸人的角色走完自己的一生。他们没有把自己上班时聊QQ、逛淘宝的时间用来充实自己,肯定不能成功。古往今来的成功者都有坚定的信念,不放弃自己的目标,抓紧一切时间充实自己。

爱拼才会赢,目标是助推器。

拿破仑说,"不想当元帅的士兵不是好士兵",如果一个人在职场上没有目标,浑浑噩噩度日,怎能指望他成为老板重视的人才呢?

爱拼才会赢,拼搏,创造奇迹。

居里夫人成为历史上第一个两获诺贝尔奖的人,袁隆平发明超级稻……都是因为拼搏。

爱拼才会赢,拼搏,成就人生。

我们来到这个世界时一无所有,所以我们没有什么可以失去的,我们无法选择父母,我们无法选择出身,可是,我们有自己的双手,可以依靠自己的双手,去拼搏,去奋斗,去创造自己的明天。

爱拼才会赢。拼搏今天,才能赢得明天。

让"爱拼才会赢"成为鞭策我们进步的动力,成为指引人生方向、提升人生价值、改变人生命运的永恒动力。无论你是处于学习阶段的学生,还是驰骋职场的员工,或是身处高层的领导,都应该有这样的动力,要相信成功就是在拼搏中到来的。

我们并不期待您看过本书就能够从中发现大彻大悟的哲理,只希望能够借助本书些微的智慧启迪和思想渗透,帮助也许正处困境中的您摆脱困境,战胜挫折,一步步走向成功,实现从平凡到卓越的飞跃。

目 录

前言 …………………………………………………………… 1

第一章　怀凌云志,自当搏苍穹

01　目标高远,成就伟大未来 ……………………………… 2
02　无梦想,不人生 ………………………………………… 4
03　不死,就永远拼搏 ……………………………………… 6
04　人生,勇敢面对就会赢 ………………………………… 10
05　挺住,梦想会开花 ……………………………………… 12
06　我的人生我做主 ………………………………………… 15
07　专注一件事,总能成功 ………………………………… 17
08　走自己的路,沽出不平凡 ……………………………… 20
09　野心,打破思维的桎梏 ………………………………… 23
10　雄心,唤醒心中的巨人 ………………………………… 25
11　胸怀大志,让自己成为奇迹 …………………………… 28
12　信念,让你傲笑群雄 …………………………………… 30
13　放飞思想,人生才精彩 ………………………………… 33

第二章　扛得住，世界就是你的

01　目标，有想法才有未来 …………………………………… 38

02　做事讲方法，蛮干逊巧干 ………………………………… 41

03　躺着做梦，不如起来行动 ………………………………… 44

04　不舍弃鲜花，就得不到果实 ……………………………… 47

05　了解自己，找到自己的独特之处 ………………………… 50

06　拼在现在，成功在未来 …………………………………… 53

07　听内心的声音，找独一无二的路 ………………………… 56

08　找到适合的位置，发挥能力 ……………………………… 58

09　广交朋友，众人拾柴火焰高 ……………………………… 61

10　活着，未来才有无限可能 ………………………………… 65

11　现在就起程，明天才会到来 ……………………………… 67

第三章　习惯千差万别，人生天壤之别

01　三思而后行，行动不后悔 ………………………………… 72

02　转变思维方式，找到新的出路 …………………………… 75

03　想象，办法总比困难多 …………………………………… 77

04　被需要，自己才重要 ……………………………………… 81

05　小事全力以赴，人生处处出彩 …………………………… 83

06　不要让人左右你的人生 …………………………………… 86

07　机会，由自己创造 ………………………………………… 89

08　战胜自我，让生命之舟远航 ……………………………… 91

09　抓紧生命的每一分钟 ……………………………………… 94

10　愉悦的内心，成就强大的人生 …………………………… 97

第四章　有过则改,自己才会出色

- 01　拆掉思维的墙,创造无极限 …………………… 102
- 02　跨越雷池一步,绽放新的光彩 ………………… 105
- 03　打破常规,人生不设限 ………………………… 108
- 04　行动,该出手时就出手 ………………………… 110
- 05　坚持就是胜利 …………………………………… 113
- 06　制怒,处世成功的必要基础 …………………… 117
- 07　成由勤俭败由奢 ………………………………… 119
- 08　享受真正的快乐 ………………………………… 121
- 09　拥有清醒的自我,才能实现自我 ……………… 124

第五章　优秀的人有方法,失败的人会抱怨

- 01　团结一切可以团结的力量,你才能成功 ……… 128
- 02　人际关系,决定你的未来 ……………………… 131
- 03　员工,比上帝重三两 …………………………… 134
- 04　情感,最赚钱的投资 …………………………… 136
- 05　宽容,化敌为友的最好武器 …………………… 138
- 06　忍耐,人生永不败北 …………………………… 141
- 07　谎言,人生的独特风景 ………………………… 144
- 08　笑,要讲究场合 ………………………………… 146
- 09　忠诚,成功人士必备 …………………………… 148
- 10　藏锋守拙,终成大器 …………………………… 150

第六章　良言暖三冬,做一个会说话的高手

- 01　适时低头,才能化敌为友 ……………………… 154

02 委婉,通往山顶的路不止一条 …………………………… 157

03 幽默,化解敌意的好方法 ………………………………… 159

04 纠正上司的错误,要讲究方法 …………………………… 162

05 赞美,人际关系的润滑剂 ………………………………… 165

06 示弱,退一步海阔天空 …………………………………… 167

07 掌握事物的主动权 ………………………………………… 170

08 说话如煲汤,关键看火候 ………………………………… 171

09 有胆识,狭路相逢勇者胜 ………………………………… 174

第七章 将来的你,一定会感谢现在拼命的自己

01 观念改变,人生也就改变 ………………………………… 178

02 居安不思危,人生必临危 ………………………………… 181

03 敢于尝试,人生才有更多机会 …………………………… 184

04 困难,你强它便弱 ………………………………………… 187

05 宁可平凡,也不平庸 ……………………………………… 189

06 眼能看多远,脚就能走多远 ……………………………… 192

07 生命,自重则重于泰山 …………………………………… 194

08 成功,永远都留给一直坚持的人 ………………………… 197

第一章

怀凌云志,自当搏苍穹

- 为金钱工作,工作只会是索然无味,为梦想而工作,能给我们带来愉快的心情,还能锻炼我们的意志、拓展我们的才能、完善我们的人格。
- 未来属于那些相信他们美好梦想的人。
- 命运只有靠自己把握,只有自己才是真正的主人。
- 行动源于梦想,而梦想又要靠行动去实现。

将来的你，一定会感谢现在拼命的自己

01　目标高远，成就伟大未来

很多年以前,炎炎烈日之下,一群人正在铁路的路基上工作。这时,一列缓缓开来的火车打断了他们的工作。火车在他们面前停了下来,最后一节车厢的窗户——顺便说一句,这节车厢是特制的,并且带有空调——被人打开,一个低沉友好的声音响起来:"大卫,是你吗?"

大卫·安德森——这群人的负责人回答说:"是我,吉姆,见到你真高兴。"于是,大卫·安德森和吉姆·墨菲——铁路公司的总裁,进行了愉快地交谈。在长达一个多小时的愉快交谈之后,两人热情地握手道别。

火车离开后,大卫·安德森的下属立刻围住了他。他们对于他跟总裁是朋友这一点感到非常震惊。大卫解释说,二十多年前,他和吉姆·墨菲是在同一天开始为铁路公司工作的。

其中的一个人半认真半开玩笑地问大卫:"为什么你现在仍在骄阳下工作,而吉姆·墨菲却成了总裁,坐在有空调的车厢里呢?"大卫非常惆怅地说:"23 年前,我为 1 小时 1.75 美元的薪水而工作,而吉姆·墨菲却是为这条铁路而工作。"

看到这里,我们可以思考这样一个问题:赚 1 万美元容易,还是 10 万美元容易?答案是 10 万美元!可能会有人疑惑不解,试想:如果目标是赚 1 万美元,那么你不过是为糊口罢了,工作时会兴奋有劲吗?会热情洋溢吗?不会。但是如果把目标设得高远一点,工作起来会更快乐,成就也会更大,最终会成为大赢家。

要热爱工作,因为它会带给你巨大的精神力量。这是"一本万利"的事情。爱情可以温暖你的心灵,工作却能使你保持清醒,使你变得强大,能够帮助你赢得世界。工作所带来的荣誉感和使命感会清除掉你所有的不如意。慢慢地,你会发现,工作是你最好的滋补品、最好的化妆品和最亲密的恋人。欢乐的时候需要工作,痛苦的时候也需要工作。如果正当壮年,就远离工作的人,不管有多少金钱,他永远是一个穷人,是一个精神上的穷人。

不要怀疑,在多变的态度面前,工作是一种易于破碎的事物,因为你昨天可能是个积极工作的人,今天就有可能辞职不干。对于工作的热情,同样是易碎的事物,所以,需要对它精心呵护,就像呵护珍贵而易碎的物品一样。真正稳固的工作心,是可遇而不可求的。

金玉良言

个人所拥有的工作资产在经济泡沫破裂时是最经得起考验的——至少比美元坚挺得多。

02 无梦想，不人生

齐瓦勃出生在美国农村的一个贫苦家庭,只受过很短的学校教育。15岁那年,一贫如洗的他到了一个山村做马夫。然而,雄心勃勃的齐瓦勃无时无刻不在寻找着新的机遇。

三年后,齐瓦勃来到了钢铁大王卡内基属下的一个建筑工地打工。一踏进工地,他就下定决心,要做同事中最优秀的人。当其他工人在抱怨工作辛苦、薪水太低而怠工时,齐瓦勃仍在默默地积累着工作经验,并自学建筑知识。

一天晚上,其他工人都在闲聊,唯独齐瓦勃躲在角落里看书。恰巧公司经理到工地检查,经理看了看齐瓦勃手中的书,又翻了翻他的笔记,什么也没说就走了。

第二天,经理把齐瓦勃叫到办公室,问道:"你学那些东西干什么?"

"我想我们公司并不缺少打工者,缺少的是既有工作经验又有专业知识的技术人员或管理人员。"齐瓦勃认真地回答。

经理点了点头,仔细地、认真地打量起眼前这个貌不惊人的年轻人。

不久,齐瓦勃被升为技师。打工的同伴中,有人讽刺挖苦他,他回答:"我不光是在为老板打工,更不单纯是为了薪水打工,我是在为自己的梦想打工,为了自己的远大前途打工。我们只能在业绩中提升自己。我要使自己工作所产生的价值远远超过薪水,只有这样,我才能得到重用,才能得到机遇。"

怀着这样的信念,齐瓦勃一步步升到总工程师的职位上。25岁那年,他荣升为这家钢铁公司的总经理。凭着非凡的努力,他逐渐成为卡内基钢铁公司的灵魂人物。几年之后,他又被卡内基任命为钢铁公司的董事长。

这个故事是不是对你有所启发呢?问问自己,你到底在为什么工作?是为老板工作,然后从他那里换取工资吗?不是!你是在为梦想工作,为自己工作,因为它不仅仅让你获得薪水,还教给你经验、知识,让你提升自己,让你变得更有价值。所以,在踏入职场的那一刻起,就要给自己选定一个奋斗方向——你要成为什么人,你要坐到什么位置上。

对于工作的目的,很多人的想法都非常简单,工作就是为了赚钱,养家糊口。这也不能算错,也许这就是工作本来的面目。可是,如果工作仅仅是为了赚钱,那么比尔·盖茨为什么还要工作,李嘉诚为什么还要工作,而且他们还一直非常努力地在工作。

那么,他们到底是在为什么工作?他们绝不是为金钱和财富而工作,而是为了实现自己的梦想,为了体现自身的价值在工作。

如果将赚钱作为工作唯一的目标,那么我们很难在工作中得到乐趣,而且也很难获得成功。当我们为实现梦想,而不是为了金钱工作的时候,我们不仅能获得更多的金钱,还能获得更多的成就感。

为金钱工作,工作只会是索然无味,但是为了自己的梦想工作,就能给我们带来愉快的心情,还能锻炼我们的意志、拓展我们的才能、完善我们的人格。而且人们也会越来越重视你,尊敬你,因为你给别人带来了快乐,他们可以从你这里获得自己想要的,而你也实现了自己的人生价值。

你对工作多一份付出,就多一份收获;多一次机会,就多一次锻炼;多

将来的你，一定会感谢现在拼命的自己

一次经历，就多一笔财富。所以，请记住：我们是在为梦想工作，是在为自己工作。用我们的青春和汗水换取机会和成就，从而获得快乐和满足，这就是工作给我们的最好的回报。

有梦想才有未来，一个没有梦想的人，永远不可能到达人生的最高境界。

03　不死，就永远拼搏

乔普从外表上看是一个极普通的人，但有一点与其他人不同，他几乎没有开怀大笑过。他总是一副心事重重的样子，他忘不了自己是一个私生子，更担心会因此遭到别人的嘲笑，所以他很少和别人来往，除了妻子和母亲，他的家里几乎从未出现过其他人。

终于妻子因为受不了沉闷的家庭生活而离开了他，一年以后，母亲去世，从此，他成了真正的孤家寡人。对生活的失望和对自己的绝望更使他觉得了无生趣，于是，他决定自杀。

他是天主教徒，知道自杀有违教规，但他认为"上帝"已经遗弃了他，当然也就不会责备他。

带着一瓶剧毒农药，他来到离母亲的墓地不远的地方，毫不犹豫地将农药喝了下去，在他尚未失去知觉时，他突然想起了一句话：你的生命是别人生命的延续，即使不为自己也要为别人活着。然而，他还没有来得及深想，便昏然倒地了。

不知过了多久，他被冻醒了，感到周身浓重的湿气，睁开眼睛，也看到依稀的星光，这让他十分惊异，一时分不清自己是在天堂还是在人间。他

第一章 怀凌云志,自当搏苍穹

冲到公路边上,看到了急驰的车流和远处的灯火,知道自己没有死。他弄不明白自己为什么会没有死,是老眼昏花的商店老板拿错了药?还是那药只能杀死害虫,不能毒死人?不过,他不想追究答案,因为他更愿意相信,这是上帝的意思。上帝希望他活下来,因为另有任务给他。当他知道自己仍然活着,突然间有了生存的渴望。他感谢上帝的恩赐,让他活下来,给他机会,要他把不属于自己的生命延续下去。

从此,乔普成了一个"为别人活着的人",教区里无人不知的"全天候"义工是他;教堂里永不疲倦的志愿者是他;那个步履轻快、笑容愉快的人还是他。当他把帮助别人当作自己生命的全部使命以后,已无暇忆及自己曾是一个因了无生趣而自杀过的人。

对于每一个追寻生存意义的人来说,你必须克服的弱点是什么?是自卑、是沮丧、是犹疑,是了无生趣……无论是什么,都不可怕,只要你能

将来的你，一定会感谢现在拼命的自己

正视它。有些弱点或许在某一时刻会影响你，但绝不能让它影响你的一生。记住这一诤言，你才能跨越障碍，实现人生的意义和价值。

一位心理学家曾经说过，多数情绪低落、自暴自弃、不能适应环境者，皆因胸无大志，他们没有自知之明，又处处要和别人比，总是梦想要是能有别人的机缘，便将如何如何。

诚然，寻找不满自己遭遇的理由非常容易，关键是看你用什么样的心态去对待它们。英国政治家威伯福斯痛恨自己矮小，著作家博斯韦尔有一次去听威伯福斯演讲，事后对人说："我看他站在台上真是小不点儿。但是我听他演说，越说似乎人越大，到后来竟成了巨人。"这个奇矮的人终生病弱，医生让他吸鸦片烟以维持生命，历时二十年，他却有本领不增加吸食的剂量。他反对奴隶贸易，英国废除奴隶贸易制度，很大一部分是他的功劳。

历史上对人最有激励作用的成功事迹，多半是那些身有缺陷、境遇困难，但不怨天尤人，而将缺陷、困境视为生命的嘲弄，勇往直前的人谱写的。挪威著名小提琴家布尔有一次在巴黎举行演奏会，一支曲子演奏到一半儿，一根弦忽然断掉。他不动声色，继续用三根弦奏完全曲。这就是人生——一根弦折断，仍用其余三根弦将全曲完美演绎。

据说，苏格兰军队当年在西班牙与异教徒作战时，把已故国王布鲁斯的心抛在阵前，然后全军奋起抢夺，击败敌人，这就是激励的方法。所以，要把握你的生命，树立某种理想或信念，全力以赴，让自己的生活有一个明确的目标。有许多人一生庸庸碌碌，悄然逝去，这是因为他们自甘平庸，认为人生自有天定，却从没想到人生是可以创造的。所以，好好地利用自己作为人的优势，朝着自己的计划和目标奋进，这样才能使人的生存更有意义。

以下三个因素是成功人士必不可少的：

第一是想象力。伟大的人生以憧憬开始，那就是自己要做什么或要成为什么样的人的憧憬。南丁格尔的梦想是要做护士，爱迪生的理想是做发明家。这些人都为自己想象出明确的前途，并把它作为人生目标，勇

往直前,最终实现了自己的梦想。

19世纪的英国诗人济慈,幼年就成为孤儿,他一生贫困,备受文艺批评家的抨击,恋爱失败,身染痨病,26岁便离开人世。济慈一生虽然穷困潦倒,却不受环境影响,他在少年时代读到斯宾塞的《仙后》之后,就想象自己一定要成为诗人。济慈一生致力于这个最大的目标,二十几岁他就成为一位名垂不朽的诗人。他生前有一次说:"我想我死后可以跻身于英国诗人之列。"其实,他生前就已经是一位大诗人了。

你心目中要是拥有这样的愿景,就会努力奋斗。如果自己心中认定会失败,就永远不会成功。你自信能够成功,成功的可能性就大为增加。没有自信,没有目的,你就会浑浑噩噩,一事无成。

第二是常识。圆凿而方枘是绝对行不通的。事实上,许多人经过多次尝试以后,才找到自己的奋斗方向。美国画家惠斯勒最初想做军人,后来因为化学不及格,从军官学校退学。他说:"如果硅是一种气体,我应该已经是少将了。"司各特原想当诗人,但他的诗比不上拜伦,于是他就改写小说。在确定自己的人生方向时,要正视自己。在设定你的目标时要多用点心思,从自身条件出发,不要不切实际地漫天狂想。

第三是勇气。一个人真有个性、有本事,就会有信心、有勇气。大音乐家瓦格纳遭受同时代人的批评攻击,但他勇于接受,终于战胜世人。黄热病流传很久,染该病死去的人不计其数。但是一小队医疗人员相信可以征服它,他们克服重重困难,在古巴埋头研究,终告胜利。达尔文默默无闻工作20年,虽遭遇无数次失败,但他锲而不舍,因为他自信已经找到线索,结果终获成功。

拥有积极心态的人懂得目标、常识、勇气的价值,知道即便是稍微运用,也会带来意想不到的结果。如果一个人不靠奋斗就想发财,他必定会遭遇无情的打击;如果他从不付出却想享乐,肯定会自讨苦吃;如果他从不关心别人却企望高朋满座,无异于痴人说梦。只有洞悉了生存的意义,相信人人为我、我为人人,相信生活中的一切悲欢和困苦都不是生活的全部,才可以利用人生的一切机遇,成功地开创属于自己的未来。

将来的你，一定会感谢现在拼命的自己

只有你自己，才能塑造出适合自己扮演的成功者的角色。所以，你要走的道路，要完成的事业，只能靠自己决定，别人对你所造成的影响非常有限。

04　人生，勇敢面对就会赢

男孩上高中时，就怀着美好的愿望想考上大学。但高考成绩出来后，他并未考中，无奈之下，来到北京打工。

经过几年的不懈努力，男孩不但走出了失败的阴影，还拥有了自己的公司，事业平稳，生活祥和。他常问自己："是什么原因让我在求学路上经过曲折之后，又在事业上重新踏上坦途？"为了合理解释自己的疑问，他拼凑出一个理由：运气、努力、一本书、一句话……

后来，他慢慢悟出了其中的道理。他发现：能够让命运出现转折的，其实不是什么石破天惊的大道理，而是自己怀着一定要改变自己命运的决心，一步一个脚印地前行，直至成功。

第一章 怀凌云志，自当搏苍穹

有多少人高考落榜了，可落榜并不等于给人生判了死刑，给人生判死刑的是消沉、失落和一蹶不振。既然知道这是死路一条，何不转变思想，积极向上，给未来的命运开辟一条大道通途呢？

世上道路千万条，条条大路通罗马。每条路都可能是我们的选择之一。所以，一旦这条路行不通，不要犹豫，立即换一条路，即使这条路上行人稀少、环境恶劣，但它也许就是通向成功宝殿的大门。俗话说，行行出状元。在无力接受某一课程时，千万不要强求自己，否则只会越来越糟，不仅耽误了时间，还耽误了美好前程。

在人的一生中，每个人都不能保证一切顺利，落榜、生病、失业……面对这些，很多人往往痛苦不堪。其实，不必哀叹，只要树立信心，肯定会有"柳暗花明又一村"的新景象。很多人正是从这些困境、挫折中获得了更大的发展空间。

有的人遇到不如意，总是抱怨命运。命运是什么？是一个人不管愿意不愿意，都会遭遇的处境，其中含有许多无可奈何的成分。但命运并不是一成不变的，即使我们曾经承受了许多的苦痛，现在也可能正在经受生活的折磨，但只要你敢于向命运挑战，敢于寻找命运的突破口，你就一定能改写自己的命运。

作为一个现代人，应具有迎接命运、挑战命运的心理准备。世界充满了机遇，也充满了风险。要鼓起勇气，向命运挑战；要不断提高自我应付挫折的能力，调整自己，增强社会适应力，坚信挫折中蕴含着机遇。当我们展露出勇往直前的姿态时，那些曾经阻隔我们向美好生活迈进的困难与挫折，就会在我们面前丢盔卸甲，变得不堪一击了。

也许处于人生交汇点的你正在为自己的失落而烦恼不堪？其实，这于事无补，要相信上天在关上一扇门的同时会打开另一扇窗户，机遇可能就在这一切发生之时。

将来的你，一定会感谢现在拼命的自己

金玉良言

多数人在人潮汹涌的世间，白白挤了一生，从来不知道哪里才是他所想要到达的地方，而有目标的人却始终不忘记自己的方向，所以他能打开通道，走向成功。

05　挺住，梦想会开花

布罗迪是一位英国教师，他在整理阁楼上的旧物时，发现了一叠练习册，里面是他教幼儿园时31位孩子的作文，题目是："未来我是……"

他本以为这些东西在德军空袭伦敦时被炸飞了，没想到它们竟安然躺在自己的家里，并且一躺就是50多年。

布罗迪顺便翻了几本，很快被孩子们千奇百怪的自我设计吸引了。比如：有个叫彼得的小家伙说，未来他是海军大臣，因为有一次他在海中游泳，喝了三升海水都没有被淹死；还有一个说，自己将来必定是法国总统，因为他能背出25个法国城市的名字，而同班的其他同学最多能背出7个；最让人称奇的是一个叫戴维的小盲童，他认为将来他必定是英国的一个内阁大臣，因为在英国还没有一个盲人进入过内阁。总之，31个孩子都在作文中描绘了自己的未来，五花八门。

布罗迪读着这些作文，突然有一种冲动——何不把这些作文簿重新发到同学们手中，让他们看看现在自己是否实现了50年前的梦想？

一家报纸得知他的想法，为他发了一则启事。没几天，书信飞来。他们中间有商人、学者及政府官员，更多的是没有身份的人，他们都表示很想知道自己儿时的梦想，并且很想得到那本作文簿。布罗迪按地址一一给他们寄去。

一年后，布罗迪身边仅剩下一个作文本没人要。他想这个叫戴维的

第一章 怀凌云志,自当搏苍穹

人也许死了,毕竟 50 年过去了,什么事情都可能发生。

就在布罗迪准备把本子送给一家收藏馆时,他收到内阁教育大臣布伦基特的一封信。他在信中说:

"那个叫戴维的孩子就是我,感谢您为我们保存着儿时的梦想。不过我已经不需要那个本子了,因为从那时起,我的梦想就一直在脑子里,没有一天放弃过。50 年过去了,我已经实现了那个梦想。今天,我还想通过这封信告诉其他 30 位同学,只要不让年轻时的梦想随岁月飘逝,成功总有一天会出现在你面前。"

布伦克特的这封信被发表在《太阳报》上,因为他作为英国的第一位盲人大臣,用自己的行动证明了一个真理:假如谁能把儿时想当总统的愿望保持 50 年,那么他现在一定已经是总统了。

梦想也是目标。俗话说,常立志不如立长志。我们不怕在实现目标

将来的你，一定会感谢现在拼命的自己

的过程中遇到各种艰难险阻，也不怕犯这样那样的错误，只怕没有持之以恒地朝着一个目标努力，因为后者的执著和坚定会让你实现任何理想，达成任何目标。

一个人若想走上成功之路，首先必须确立目标，而确立目标之后，便应该立即全力以赴，沉住气，坚持下去。成功不能光靠运气，也不能在半途期望破例或意外出现，而必须脚踏实地克服困难、坚韧图强。

成功人士的伟大业绩都是他们经过不断努力而取得的。日常生活中，尽管有种种挫折、困难和绝境，但正是通过种种磨炼，才使人们变得更加坚强，并获得各种最美好的人生经验。对那些执著地朝目标前进的人而言，生活总会给他提供足够的努力机会和不断进步的空间。在所有的逆境面前，那些最能持之以恒的人往往是最成功的。

成功的路上并不是只有鲜花和掌声，更多的是风吹雨打。磨难越多，生命的长度就延伸得越长，生命的宽度就拓展得越宽。在成功的道路上，坚持非常重要，面对挫折时，要告诉自己：坚持，再坚持。因为这一次失败已经过去，下次才是成功的开始。

许多人之所以没有取得成功，主要是缺乏执著的态度，而一切领域中的重大成就无不与坚韧的品质有关。世上可做的事很多，但真正能够抓住的却很少。一生咬定一个目标不放松，坚持下去，持之以恒，才是成功人生的捷径。

金玉良言

一个人如果立志要成功的话，他必须知道他正在为什么目标而工作，然后他才会像一只牛头犬追逐猫儿那样的紧追不舍。一个知道自己目标的人，就不会因为挫折和失败而泄气了。

06　我的人生我做主

一天,威尔逊先生在大街上碰到一个乞讨的盲人,他觉得这位盲人很可怜,就给他一张大钞。正准备走,盲人拉住他,说:"您不知道,我并不是一生下来就瞎的,都是23年前希尔顿的那次事故弄的!"

威尔逊先生一惊,问道:"你是在那次化工厂爆炸中失明的吗?"盲人激动地说:"是啊!当时,逃命的人拥挤在一起。我好不容易冲到门口,可是一个大个子在我的身后大喊,'让我先出去!我还年轻,我不想死!'他把我推倒了,踩着我的身体跑了出去,我失去了知觉……等我醒来,就成了瞎子。"威尔逊先生听到这里,冷冷地说:"事实恐怕不是这样吧?你说反了。"

盲人猛地一惊。

威尔逊先生一字一顿地说:"我当时也在希尔顿化工厂当工人,是你从我身上踏过去的。你说的那句话,我永远也忘不了!"

盲人突然抓住威尔逊先生,大声吼道:"这就是命运啊!不公平的命运!你在里面,却出人头地了;我跑了出去,却成了瞎子。"

将来的你，一定会感谢现在拼命的自己

威尔逊先生用力推开盲人的手,举起了手中精致的手杖,平静地说:"你知道吗？我也是一个瞎子。你相信命运,可是我不信。"

命运对每个人都是公平的。有些人不屈服于命运的淫威,自己掌握自己的命运;有些人为命运所左右,甘心做起了命运的奴隶。所以,相同的遭遇,就有了不同的命运,而且一点都不偶然。

人生的道路要每个人自己去走,谁也代替不了谁。而命运只有靠自己把握,只有自己才是真正的主人。

我们不能选择自己的出身,不能选择我们的父母,但是我们有权力选择自己的人生。做自己命运的主人,就不能成为金钱的奴隶,不能成为权力的俘虏,要在各种诱惑面前保持自己的本色,否则便会迷失自己。

记住:命运在自己手里。古往今来,凡成大业者,他们"奋斗"的意义就在于用其一生的努力去改变自己的命运。只有积极进取,努力奋斗,才可能获得满意的人生。

美国大思想家爱默生有句名言:"靠自己成功。"这句话影响了无数美国人——那些原来从英国统治下独立的殖民地国家的人民迅速把自己的国家建设成为当今世界上的超级强国。主宰命运的不是上帝,而是你自己,怎样选择完全在于一个观点,一种态度,一种选择。很多事情我们无法改变,但是对待人生的态度,完全决定了你的命运。

在生命的旅程中,有时候我们难免会陷入各种危机之中,而要摆脱这些危机,不要老想着依靠别人,要学会靠自己拯救自己。

诚然,人生在世,总要或多或少地依靠自身以外的各种帮助——父母的养育、师长的教诲、朋友的关爱、社会的鼓励……可以说,人从出生的那一刻起,就已经开始接受他人给予的种种帮助了。然而,许多年轻人"在家靠父母,出门靠朋友"的"靠",已经演变成对父母和朋友的依赖,把自己的命运完全寄托在父母和朋友的身上。

信奉"在家靠父母"的人,往往是那些生活上不能自理、饭来张口、衣来伸手,或者事业上不能自立而离不开父母权力、地位和金钱支撑的年轻人。这样的年轻人,显然不可能在生活上自立自强,也不可能在事业上有

所作为。

我国著名教育家陶行知编的《自立歌》中有这样一句话：

滴自己的汗,吃自己的饭。

自己的事,自己干。

靠天靠地靠祖上,不算是好汉。

所以,不要总是依赖别人,把一切希望都寄托在别人身上,每个人都有许多事要做,别人可能帮你一时,却帮不了一世。所以,靠人不如靠己,最能依靠的人只能是你自己。

如果你想改变命运并有所成就,请记住这条忠告：最能依靠的人是你自己。

无论何时,请牢记这句话："靠人不如靠己。"所有成功的秘诀,就在于自我奋斗！除此之外,别无他法。

金玉良言

不要老想着依靠别人,要记住,靠山山倒,靠人人跑,只有自己能拯救自己。

07 专注一件事,总能成功

内德·兰塞姆是法国里昂最著名的牧师,无论在穷人区还是富人区,他都享有很高的威望。他一生有一万多次亲临临终者面前,聆听他们的忏悔。

他84岁时,衰老得无法再走近需要他的人。一天,一位老妇人来敲他的门,说她的丈夫快不行了,临终前很想见见他。兰塞姆不愿让这位老妇人失望,就在别人的搀扶下,来到了临终者床前。

将来的你，一定会感谢现在拼命的自己

临终者是一位布店老板，72岁，年轻时曾经和著名的音乐家卡拉扬一起学吹小号。他说他很喜欢音乐，当时他的成绩远在卡拉扬之上，老师也非常看好他的前程。可惜20岁时他迷上了赛马，结果把音乐荒废了，否则他一定是一位出色的音乐家。现在生命快要结束了，一生平庸，碌碌无为，他感到非常遗憾。他告诉兰塞姆，到另一个世界后，如果可以选择，他绝不会再干这种傻事，他请求上帝宽恕他。兰塞姆很体谅他的心情，尽力安抚他。

后来，兰塞姆想把他60多本日记——其中全是临终者的忏悔——编成书，但因里昂大地震而毁于一旦。这时他已90高龄。兰塞姆去世后，被安葬在圣保罗大教堂。墓碑上工工整整地刻着他的手迹：假如时光可以倒流，世界上将有一半的人可以成为伟人。

可惜，时间是不能倒流的，每个人都在走向衰老和死亡的单行线上，

所以,"朝四暮三"愚弄的不是猴子,而是人——你频频地改变主意,今天做这个,明天做那个,结果浪费了宝贵的时间,成果却寥寥无几。而在走到单行线的尽头时,才知后悔,与其这样,不如利用上天给你的聪明才智,选准一件要做的事,把它坚持到底。

人的一生十分短暂,我们不可以选择太多。如果只做一件事,并心无旁骛地做下去,做好的可能性就比较大;如果东也想做,西也想做,不能做到专一、专注、专心、专业,那么到头来,伴随你的也只有一次次的失望甚至绝望了。

古语说得好:"十鸟在林,不如一鸟在手。"人生的机遇,可能就只有那么一两次。因此,一生做好一件事,只要真正做好了,也就够了。

一位成功企业家曾说过这样的话:"术业有专攻,我应该把我擅长的事做精、做细。其实其他公司也做得很好,但我们因为只做了这一项,就更专业化了,分工更细致了,客户也就自然会想到我们了。"

看看当今社会上那些成功人士,他们哪一个不是在自己的领域奋斗了一辈子?巴菲特从11岁开始买第一只股票,现在70多岁了,仍旧坚持着,不管是牛气冲天的股市高涨,还是经济危机下的股市低迷,他始终未离开过股市这个"大家庭"。比尔·盖茨,全球首富之一,凭借他的实力,如果去股市淘金,当个庄家,翻云覆雨,简直是易如反掌;如果去做房地产,在中国房价居高不下的今天肯定赚个盆盈钵满。但他专注在自己最擅长也最感兴趣的操作系统、软件开发上,而不是被市场上其他的诱惑所吸引。

还有一些著名的大企业、大公司,几十年甚至几百年就做一件产品,才使各自的产品有口皆碑。能源类第一名是杜克能源公司,炼油类第一名是英荷壳牌石油公司,物流类第一名是 UPS 公司……这些成功企业的共同之处就是非常专注于一个产业,只做了一件事,集中所有的时间、精力、资金和技术做好一种产品,从而在市场竞争中立于不败之地。

一个人一生只做一件事,专注于一件事,成功并非难事。世界著名的物理学家丁肇中先生,仅用 5 年多时间就获得了物理、数学双学士和物理

将来的你，一定会感谢现在拼命的自己

学博士学位，并在40岁时获得了诺贝尔物理学奖，丁先生说："与物理无关的事情我从来不参与。"

中国财务软件的领路者王文京曾用最简单的语言概括他的成功："一生只做一件事，专注，坚持。要想在任何一个行业出头，必须有沉浸其中十年以上的决心，人一生其实只能做好一件事。"的确，一生只做一件事，并把它做好、做精，这是你取得竞争优势的重要砝码。

金玉良言

自觉的生活如果缺乏明确的世界观，就不是生活，而是一种负担，一种可怕的事。

08 走自己的路，活出不平凡

20世纪80年代，内地某仪器厂分来一名大学生，主要负责发放工资，并要做一些报表，工作非常清闲。那时电脑是个稀罕物，非常昂贵。厂里唯一的电脑，别人都不敢碰，他却如获至宝，一有空闲便坐在电脑前，因为他最大的爱好是编程。两个月后，他编出第一个工资管理软件。发工资时，再也不必制作复杂的报表。从此，他每月只需上一天班。厂里认为他是个天才，对他刮目相看。

空闲时间更多了，他没有丝毫松懈，每天都在电脑上编织梦想。一个偶然的机会，他去了深圳，回来后，心中再也无法平静。他发现自己的编程才能大有用武之地。他开始思考，如果继续在厂里待下去，自己的满腹才华终将被埋没，最后他决定出去闯荡。当他把想法告诉家人和朋友时，遭到他们的一致反对，所有的人都劝他要冷静。厂里为了留住他，拒绝给他转户口和工作关系。他面临痛苦的抉择：留下，手中的铁饭碗牢不可

破,此生无忧,但注定平淡;出去,凭自己的才能可以大展拳脚,但前途未卜,祸福难料。

厂里不接受他的辞职,他只能接受被开除的命运。承受着巨大的压力,他走出了仪器厂,义无反顾。

几年后,凭着自己开发的软件,他创立了自己的公司。这个人就是著名的金山公司总裁,被称为软件业"民族英雄"的求伯君。

买鞋子是否适合,试一试才知道,鞋子合脚你才能跑得快、跑得远。选择职业同样是在给自己挑鞋子,适合的领域才能让你取得更大的成功。在做出选择时,要拿出勇气,愿意付出代价——这样做,会给你的人生划上一道分水岭:把过去的安逸、稳定抛在身后,而眼前则是一片更开阔的世界。

如果你认为自己的选择是正确的,就要勇往直前走下去,而不要犹豫不决,也不要太在意别人的看法。

艾伦斯特·马哈曾任维也纳大学物理学教授,他说:"我不承认爱因斯坦的相对论,正如我不承认原子的存在。"

爱因斯坦对这个批评并不在意,因为早在他10岁于慕尼黑念小学的时候,任课老师就对他说:"你以后不会有出息。"

严格说来,遭人反对、被人看低不是坏事,这可以提醒我们努力和进步。最重要的是,只要我们选择的是适合自己走的那条路。

以日记文学闻名的法国作家雷纳尔,1896年在日记中说:"第一,我未必

将来的你，一定会感谢现在拼命的自己

了解莎士比亚；第二，我未必喜欢莎士比亚；第三，莎士比亚总是令我厌烦。"1906年，他又在日记中说："只有讨厌完美的老人，才会喜欢莎士比亚。"

这位雷纳尔先生爱说俏皮话，他在1906年的日记中说："你问我对尼采有何看法？我认为他的名字里赘字太多。"连名字都有毛病，文章如何自不待言。

英国作家王尔德也以似通不通的修辞技巧，批评萧伯纳说："他没有敌人，但是他的朋友都深深地恨他。"

思想家卢梭54岁那年，即1766年，被人讽刺为："卢梭有一点像哲学家，正如猴子有点像人类。"

这些被批评和讥讽的人士后来都被证明他们和他们的作品是多么的伟大。如果他们当时被这些批评和嘲笑所打倒，那么世界文明长河中将失去许多璀璨的明珠。他们没有受别人的影响，因为他们坚信自己、坚信自己的成就，并且勇往直前地做下去了。

戴维·克罗克特有一句很简单的座右铭："确定你是对的，然后勇往直前。"

人生道路上，我们常常被高昂而光彩的语汇弄昏了头，以不屈不挠、百折不回的精神坚持如一，不肯认输，最终输掉了自己。如果你发现自己现在所从事的工作并不能发挥自己的特长，那你就赶紧调整前进的方向，不必在意别人的看法、评价，如果你有这样的顾虑，那才真正丧失了大好的时机。真正的勇气就是秉持自己的信念，而不受别人的支配。

金玉良言

社会给予每个人的选择越多，人们做出选择的难度就越大。因为任何一项自主的选择同时又是一种自我限制——一种选择会自动排除其他所有选择。

09 野心，打破思维的桎梏

法国曾有一位很穷的年轻人，为改变贫苦的生活，他从推销装饰肖像画起家，在不到 10 年的时间里，迅速成为一位年轻的媒体大亨。可惜，他因患上前列腺癌，于 1998 年在医院去世。

他去世后，法国的报纸刊登了他的遗嘱。在遗嘱里，他说：

"我曾经是一位穷人，在跨入天堂的门槛之前，我把自己成为富人的秘诀留下，谁若能回答'穷人最缺少的是什么'，从而猜中我成为富人的秘诀，就能得到我留在银行保险箱里的 100 万法郎。"

有 48 561 个人寄来了答案。绝大部分人认为，穷人最缺少的是金钱，有了钱，就不会再是穷人了。另一部分人认为，穷人之所以穷，是因为缺少机会。还有一部分人认为，穷人最缺少的是技能，有一技之长才能致富。

在他逝世周年的纪念日，律师和代理人在公正的监督下打开了他的私人保险箱，公开了他的致富秘诀：穷人最缺少的是成为富人的野心。

在所有答案中，一位仅有 9 岁的女孩猜对了。她在接受 100 万法郎的当日，向所有人解释说："每次，我姐姐把她 11 岁的男友带回家时，总是警告我说不要有野心！不要有野心！于是我想，也许野心可以让人得到自己想要的东西。"

谜底被公布后，震动法国。一些新贵、富翁在谈论此话题时，均毫不掩饰地承认：野心是永恒的"治穷"特效药，是所有奇迹的萌发点。

有一句谚语说："有野心的人抓大鱼。"穷人往往有一个共同的缺点——缺乏野心，所以大鱼总是不向他们游来，他们也一直穷下去。

世界上有成千上万的人做着创业梦，但只有少之又少的人能够付诸行动。仔细看一下我们周围的人，你就不难发现，天下其实永远都不缺少

将来的你，一定会感谢现在拼命的自己

有才华的人，有才华的人到处都是。但真正有野心的，在人群里却是少之又少。

所谓"野心"，是指对成功的追求。对穷人而言，野心是推动他们走向成功的动力。观察那些富翁，我们不难发现，他们无一不是野心家，他们从来不满足现状，而是把眼光放得更远，追求更好的。

穷人之所以穷，很多时候不是因为没有梦想，而是没有行动，从而把梦想变为现实。他们的目标就是穷人，当他们拥有了最基本的物质生活保障之后，便不再去奋斗，得过且过，没有野心。中国古文中的仲永，3岁便能作诗，才华横溢，但却满足现状，不思进取，没有让自己扬名宇内的野心，终于泯然众人。

拿破仑曾说："不想当元帅的士兵，不是好士兵。"这是对"野心"的最好诠释。而穷人要想成为富人，就要勇敢地向富人下挑战书，要站得高看

得远,要让自己成为冒险家,要让自己的野心生效。

现代社会生活中,每个人都想成功,都想富有。但是,穷人很快就放弃了自己的梦想,于是生活失去了动力,人生也从此失去了意义。这正是穷人之所以穷的原因。不要放弃野心,即使一辈子都没有实现发财梦,只要努力了,拼搏了,你就会觉得不虚此生。

回顾历史,成吉思汗扬言"大地是我的牧场,有雄鹰的地方就有我的铁骑",造就了成吉思汗时代。看中国近代,在改革开放大潮中,一批不甘平庸勇于挑战的人脱颖而出,成为时代的弄潮儿。在这些人的身上,有一股神秘的力量,那就是进取心。所以穷人只要不满足现状,有野心并向自己的目标不断努力,在进取心的驱动下,就一定能够走上富裕的道路。

金玉良言

生活的窘迫是一时的,一个人真正被压垮,还是因为他自己的心已经垮掉了。

10　雄心,唤醒心中的巨人

拿破仑的父亲是一个极高傲但穷困的科西嘉贵族,他把拿破仑送进了一个贵族学校。学校中的学生大都出身贵族,家中富有,他们常挖苦拿破仑的贫穷。讥讽引起了拿破仑的愤怒,但他无可奈何。

后来,拿破仑写信给父亲,"这些人不停地嘲笑我,我实在不想解释自己的贫困了。他们唯一高于我的便是金钱,至于说高尚的思想,他们是远在我之下的。难道我应当在这些富有且高傲的人面前继续谦卑下去吗?"

"我们没有钱,但是你必须在那里读书。"这是父亲的回答。

拿破仑忍受了5年的痛苦。但是每一次嘲笑、每一次欺侮、每一种轻

将来的你，一定会感谢现在拼命的自己

视的态度，都使他增加了决心，并发誓要做给他们看看，他比他们都强。但是这并不是一件容易的事，他在心里暗暗计划，决定利用这些没有头脑并且傲慢的人作为桥梁，帮助自己得到技能、富有、名誉和地位。

拿破仑到了部队后，同伴们都追求女人和赌博，而他则埋头读书。他

不读没有意义的书，也不是用以消遣，而是为自己的理想做准备。他住在一个既小又闷的房间内，脸无血色、孤寂、沉闷，但他却不停地读下去。他想象自己是一个总司令，将科西嘉岛的地图画出来，清楚地标出哪些地方应当布置防范，并用数学方法精确地计算出来。

长官看拿破仑学问很好，便派他在操练场上做一些工作。他的工作做得极好，于是又获得了新的机会，开始走上权势的道路。这时，从前嘲笑他的人，都涌到他面前来；从前轻视他的人，现在都希望成为他的朋友；从前揶揄他是一个矮小、无用、死用功的人，现在也变得非常尊重他。

难道这是天才所造成的奇异改变吗？抑或是他不停地工作而得到的成功？拿破仑确实聪明，也确实用功，不过有一种力量比知识或用功来得都重要，那就是他想超过戏弄他的人的野心。

没有人会一直幸运，不要对你的不幸自怨自艾，而把它看成是一剂良药——许多人之所以成为伟人，是由他们的不幸造成的。不幸，可以教你学会隐忍，教你学会克服自己的缺憾，教你生出一股热忱，闯出一番事业。

对于既漫长又短暂的一生来说，不幸是必然的，但我们应该相信阳光

总在风雨后。一个人要在激烈的竞争中制胜,要想有一个幸福的人生,就必须把不幸当做幸福的起点,培养坚韧的心态,在内心激励自我,告诉自己:那没什么大不了的。

贝多芬双耳失聪,却奏响了他的命运交响曲;奥斯特洛夫斯基双目失明,却著成世界名著《钢铁是怎样炼成的》;司马迁遭受宫刑,忍辱负重,却成就"史家之绝唱"……这些"不幸"的伟人,并非因为他们是伟人所以遭受不幸,而正是在经历不幸的历程后,他们得到磨砺,才会发光,成为人类文明史上耀眼的明星。

不经历风雨怎能见彩虹?每当面临人生的不幸,我们或是却步后退,或是勇敢向前,一前一后,人与人由此划开界线:懦弱的、勇敢的;自信的、自卑的;乐观的、悲观的;积极的、消极的……正确面对自己的不幸,把不幸化为挑战,把消极因素转化为动力,或许不是每个人每一次都会成功,但可以肯定,到那时,回首过去,你会毫无怨言地说:"我不后悔,我已尽力,此生无憾!"你是否也能如此?请从现在开始,从身边做起!

巴尔扎克说:"不幸,是天才的晋身之阶;信徒的洗礼之水;能人的无价之宝;弱者的无底之渊。"蝴蝶之所以美丽,是因为它经历了不为人知的痛苦的蜕变;雄鹰之所以能翱翔天空,是因为它经历了无数次的从天空中的摔落。如果你遭遇不幸,请不要抱怨,你应该为有能向生活挑战的机会而高兴,并相信自己会在生活中愈挫愈勇。既然在我们的生活中无法避免不幸,那么就让我们勇敢地去面对。纵使结果不如我们所预期的那样,至少我们也曾努力过,这样我们也就无愧于心了!

金玉良言

雄心未竟即是野心,野心已达便为雄心。对于一个梦想成功的人,野心和雄心一样都不能少。

将来的你,一定会感谢现在拼命的自己

11　胸怀大志,让自己成为奇迹

有三只小鸟,它们一起出生,又一起从巢里飞出去,寻找成家立业的位置。它们很快飞到一座小山上。一只小鸟落到一棵树上,说:"哎呀,这

里真好,真高。你们看,那成群的鸡鸭、牛羊,甚至大名鼎鼎的千里马都在羡慕地向我仰望呢。能够生活在这里,我们应该满足了。"

另两只小鸟失望地摇了摇头,说:"好吧,你既然满足,就留在这里吧,我们还想再到高处看看。"

这两只小鸟飞呀飞呀,终于飞到了五彩斑斓的云彩里。其中一只鸟

第一章 怀凌云志，自当搏苍穹

陶醉了，情不自禁地引吭高歌起来，它沾沾自喜地说："我不想再飞了，这辈子能飞上云端，你不觉得已经十分了不起了吗？"

另一只很难过地说："不，我坚信一定还有更高的境界。遗憾的是，现在我只能独自去追求了。"说完，它展翅翱翔，向着九霄，向着太阳，执著地飞去……最后，落在树上的成了麻雀，留在云端的成了大雁，飞向太阳的成了雄鹰。

有一种说法是：把目标设定得高一点，努努力、跳跳脚也许就达到了；如果把目标设定得低了，有可能连低的也达不到。可见，三只鸟之所以最终的结局不同，是因为它们为自己设定的目标不同。

但凡成大器者，在起步之初，不管条件如何，都无一例外地拥有高远的目标。陈胜是个农民，年轻时却有"鸿鹄之志"；刘邦是个小吏，当他看见秦始皇的威严时，就有了一个"疯狂"的想法："大丈夫当如是也"；刘备是个小贩，年轻时就立志"上报国家，下安黎庶"；周恩来是个穷学生，却发誓"为中华之崛起而读书"；法国皇帝拿破仑是个调皮学生，成绩一塌糊涂，他却说："我具有出色的军事家的素质，权力就是我要得到的东西！"这些成功人士并非个个天赋优异，他们的背景、学历和运气也不一定比普通人好，他们之所以取得如此成就，在很大程度上与树立了远大的志向和目标有关。

古人云："取法乎上，仅得其中；取法乎中，仅得其下。"有了大志才会有前进的动力，才能向成功迈进。在日常生活中，也许你会有这样的体会：如果你确定只走一千米路的目标，在不到一千米时，你便有可能感觉到累而放松自己。但是，如果你的目标是要走一万米路，你便会做好思想准备及其他一切必要的准备，并调动各方面的潜在力量，一鼓作气走完七八千米后，才可能会稍微放松一下。可见，如果设定了一个远大的目标，你就可以发挥更大的潜能了。

一个人如果心无大志，也就等于选择了平庸。然而，一旦你立定了远大志向，并努力追求它，你就已近乎伟大了。大目标使人把干事业当成主旋律，小目标使人的生活仅仅是过日子而已。一个人之所以伟大，首先是

将来的你，一定会感谢现在拼命的自己

因为他有伟大的目标。所谓伟大的目标，无非就是要做大事，考虑更多的事，在更大的范围内解决更多的问题，在更大的空间里产生更大的影响。

新东方创始人俞敏洪在给年轻学子们介绍成功经验时说："一辈子的目标要定得高远，但每个阶段的目标要实现，要永远比周围的人做得好一点。"没有远大的目标，人生就没有瞄准和射击的对象，就不会有更加崇高的使命给你带来希望。道格拉斯·勒顿说得好："你决定人生追求什么之后，你就做出了人生最重大的选择。要能如愿，首先要弄清你的愿望是什么。"只要树立远大目标，并朝着这个方向勇往直前，一定会得到理想的成果。即使遇到困难，只要对自己的目标抱有坚定的信念，就一定能够闯过难关。

纵观所有成功者，无一不是有理想、有追求、有上进心的人，他们心中都有一个明确的奋斗目标，一个较高的处世标准，他们懂得自己活着为了什么。因而他们的所有努力，都是围绕着这个高远的目标而进行，他们知道自己怎样做是正确的、有用的和有效的，否则就是做了无用功，或者浪费了时间和生命。

显然，成功者总是那些目标高远的人，鲜花和荣誉从来不会降临到那些没有目标的人头上。

金玉良言

一个人一生中会有这样的时刻，这一刻将决定他整个的未来。然而不论这时刻多么重要，人们却很少有思想准备，并且按照自己的意志去行动。

12 信念，让你傲笑群雄

理查·派克是运动史上赢得奖金最多的赛车选手。他第一次赛车回

来时,兴奋地对母亲说:"有35辆车参赛,我跑了第二。"

"你输了!"母亲毫不客气地回答。

"可是,"理查·派克瞪大了眼睛,"这是我第一次参加比赛,而且赛车还这么多。"

"儿子,"母亲深情地说,"记住,你用不着跑在任何人后面!"

接下来的20年中,理查·派克称霸赛车界,他的许多记录至今无人打破。问他成功的原因,他说,他从未忘记母亲的教诲,是母亲在他为第二名沾沾自喜时,帮他发现了他还可能是第一的希望。

"第一"是人们梦寐以求的,这个世界上不可能所有的人都争得"第一",可是,试想一下,理查·派克如果连"第一"都不敢想,连自己都不自信,怎么能在后来称霸赛车世界呢?

没有自信会让一个人失去前进的勇气,更不可能产生成功的欲望。如果你连成功的欲望都没有,怎么会有成功的希望呢?法国存在主义哲学大师、诺贝尔奖得主萨特说:"一个人想成为什么样子,他就会变成什么样子。"如果你认为自己不能把某件事情做好,那么你就可能真的做不好,因为你无法以积极的态度为之奋斗。自信不仅影响着一个人的胆量,还影响着一个人的能力。有时候,并不是你真的没有能力完成一件事,而是因为恐惧和悲观让你停滞不前。

自信是所有成功人士必须具备的心理素质。没有自信的人,做事总

将来的你，一定会感谢现在拼命的自己

是忧虑重重，怕东怕西，最终一事无成。要知道，成功永远属于充满自信的人。

自信是一个人成功的首要条件，只有建立了自信，其他的优势才能派得上用场。你可能学识渊博，经验丰富，理想远大，但如果缺乏自信，这些优势便会失去其应有的价值。

有自信才有激情，如果一个人没有自信，他就很难对生活或工作保持热情或兴趣。不相信自己，看不到美好的希望，哪来的激情和动力？靠什么去战胜困难、拼搏进取？越是不自信，态度就会越来越糟糕，离成功的距离也就会越来越远。

有了自信才能乐观。生活在这样一个竞争激烈的社会中，每个人都会遇到许多的危机和麻烦，自信的人相信自己能战胜困难，于是能够采取积极的措施去应对处理，问题就很容易得到解决。与此同时，他们的自信心也会在解决困难的过程中得到加强，乐观的态度也将逐渐形成。苏格拉底曾对他的助手说："最优秀的人是你自己，只是你不敢相信自己，才把自己给忽略、给耽误、给丢失了……"其实，每个人都是最优秀的，差别就在于如何认识自己、如何发掘和重用自己。

的确，生活中很多人发现不到自身的优势，发现不到自身的价值，认为自己对一切无能为力。下面这些诗句是一位女青年在与癌症搏斗的过程中写下的，相信对你会有很好的启发。

你不能改变环境，但你可以改变自己；
你不能改变天气，但你可以调整心情；
你不能改变事实，但你可以改变态度；
你不能控制他人，但你可以把握自己；
你无法选择容貌，但你可以展露笑容；
你无法改变过去，但你可以掌控现在；
你无法预知明天，但你可以利用今天；
你无法保证样样顺利，但你可以做到事事尽力；
你无法延长生命的长度，但你可以拓展生命的宽度；

你不能阻止消极因素的发生,但你可以保持积极的态度。

任何时候都要记住,我们并不比别人差,生命在这个世界上是同等尊贵的,别人拥有的种种幸福,我们也一样可以拥有,只要我们有信心,肯去追求,胜利最终会属于我们。

各人有各人的才能,可是有些人眼红别人的名望。如果你盼望有所成功,就得根据自己的才能,不要好高骛远。

13　放飞思想,人生才精彩

山里住着一家猎户。父亲是个老猎手,闯荡了几十年,捕获猎物无数,走山路如履平地,从未出过事。然而有一天,因下雨路滑,他不小心跌落山崖。

两个儿子把父亲抬回家,他已经快不行了。临终之际,他指着墙上挂着的两根绳子,断断续续地对两个儿子说:"给你们两个……一人一根……"还没说出用意,就咽了气。

掩埋了父亲,兄弟二人继续靠打猎为生。然而,猎物越来越少,有时出去一天连个野兔都打不回来,俩人的日子过得越来越艰难了。一天,弟弟与哥哥商量:"咱们干点别的吧!"

哥哥不同意,"咱家祖祖辈辈都是打猎的,还是本本分分地干老本行吧!"

弟弟没听哥哥的话,拿上父亲给他的绳子走了。他先是砍柴,用绳子捆起来背到山外换钱。后来他发现,山里有一种漫山遍野的野花很受山外人喜欢,而且价钱很高。从此后,他不再砍柴,而是每天背一捆野花到

将来的你,一定会感谢现在拼命的自己

山外卖。几年下来,他靠积攒下来的钱盖起了自己的房子。

而哥哥依旧住在父亲留下的那间破旧的老屋里,仍旧干着打猎的营生。由于常常打不到猎物,生活越来越拮据,他整天愁眉苦脸,唉声叹气。一天,弟弟来看哥哥,发现他已经用父亲留给他的那根绳子吊死在房梁上了。

如果给你一根绳子,你该如何用?毫无疑问,你应该像弟弟一样,用手中拥有的一些资源去开创有利的事业,因为你的目的很简单,就是让生活好一点。如果墨守成规,结局只能如哥哥一样。

惯性思维是遵循固有的和普遍适用的思路和方法去思考,是一种重复前人、常人过去已经进行过的思维过程。而拥有创新思维的人的思想活跃,不受陈旧的传统观念的束缚,注意观察研究新事物。这种人常常不满足于现状,总会给自己提出一些疑难问题,并勤于思考、积极探索。

在人们的思维活动中,世界观、生活环境和知识背景都会影响到对事物的态度和思维方式,不过最重要的影响是过去的经验。惯性思维在其形成之时,表面看来似乎完美无缺,然而随着时间的推移、事态的发展、状况的突变,其局限性和破绽就会一一暴露。

要想有所成就,就要打破惯性思维,培养创新能力。古今中外的成功人士都是有创新意识的人,模仿前人的做法永远成不了真正的大师。对每个人而言,知识是当今时代生存与发展的必不可少的因素,而创新不仅是时代的要求,更是持续发展、不断进步的真正源泉。

要想打破惯性思维,可以从以下几个方面入手:

1. 拥有扎实的知识基础

知识是创新的前提和基础,是对前人智慧成果的继承。知识的时代首先要求我们拥有扎实的知识基础,否则,就不可能顺利地开展创造性活动。在其他条件相同的情况下,多掌握一些知识,也就更加容易打破惯性思维,形成创新思维。

2. 不断学习和吸取新东西

时间在不断流逝,社会也在不断前进,要跟上时代步伐,就必须不断地学习新知识。创新能力的提升要求人们不断学习吸取新东西。例如,现在很多公司都要求员工积极主动地从工作过程中学习、从商业实践经验中学习,并通过和他人分享知识来学习,保证自己的进步和未来的成长。

3. 抓住灵感

生活中,工作中,你可能有这样的经历:一个难题费了很大精力也没有想出好的解决办法,但是,也许就在你吃饭或睡觉的某一瞬间却想到了一个绝妙主意。这就是灵感。

所谓灵感,从本质上说,是人的一种思维活动,往往一下子闪现,甚至有时是在睡梦中出现,它的目标几乎始终如一。由于灵感不受人的惯性思维的影响,常常具有一定的新颖性。

4. 克服保守心态

将来的你,一定会感谢现在拼命的自己

思想保守的人,往往不愿积极开拓、创新求变。在保守状态下,人们会逐渐对创新失去兴趣。如果人类都怀着保守心态,那么,今天的人类,就一定还是茹毛饮血,住在山洞中。因此,保守是培养创新能力的大敌,真正的创新需要跟保守势力作斗争。

大千世界,变化万端,特别是在这个飞速前进的时代,可以说,每一分每一秒,我们周围的世界都在发生着变化。我们要勇于打破陈旧的框架束缚,这样,你才会发现一片新天地。

金玉良言

每个人都会有属于自己生命的最高点,或是事业上的功成名就,或是感情上的美满幸福,但你想过没有,每个人注定要从这一点降落。人们往往难以承受这种心理落差,本能的渴望使生命永远绚烂。

第二章

扛得住，世界就是你的

- 没有目标，做不成任何事情；目的渺小，也做不成任何大事。
- 你过去或现在的情况并不重要，你将来想要获得什么成就才最重要。
- 适合他人的，不一定适合自己，适合自己的，也不一定适合他人。任何事物，大可不必强求与他人雷同。

将来的你，一定会感谢现在拼命的自己

01　目标，有想法才有未来

邦科是某杂志社的一名编辑，他小时候就有这样一个目标：将来他要创办一份属于自己的杂志。由于树立了这个明确的目标，他开始努力寻找各种机会，并且他终于抓住了一个机会。这个机会实在是微不足道的，以至于我们大多数人都会随手丢弃，不肯多加理睬。

事情是这样的：一天，邦科看见一个人打开一包香烟，从中抽出一张

纸片，随手把它扔到了地上。邦科弯下腰，拾起这张纸片。上面印着一个著名的好莱坞女演员的照片，在这幅照片下面印有一句话：这是一套照片中的一幅。原来这是一种促销香烟的手段，烟草公司欲促使买烟者收集一整套照片。邦科把这个纸片翻过来，注意到它的背面竟然完全是空白的。

邦科觉得，这是一次很好的机会。他推断，如果把附装在烟盒里的印有照片的纸片充分利用起来，在它空白的那一面印上照片上的人物的小传，这种照片的价值可以大大提高。于是，他找到印刷这种纸烟附件的公司，向这个公司的经理说出了他的想法。这位经理立即说道："如果你给我写100位美国名人的小传，每篇100字，我将每篇付给你100美元。请

你给我送来一份你准备写的名人的名单,并把它分类,比如,可分为总统、将帅、演员、作家,等等。"

这就是邦科最早的写作任务。他所写的名人小传的需要量与日俱增,以至于他必须得请人帮忙。他找他的弟弟迈克尔帮忙,如果迈克尔愿意帮忙,他就付给他每篇5美元。不久,邦科又请了几名职业记者帮忙。就这样,邦科后来竟然真成了《名人》杂志的主编!他圆了自己的梦!

现在回过头来看,邦科之所以取得成功,是因为他为自己树立了明确的目标,并抓住机会做出了令人满意的事业。

在我们所接触的人中有80%的人不满意他们的生活,但他们心中又缺少一个他们所满意的生活的清晰图样。可以想象这些人终日无目的地漂泊,他们不满、抱怨、反抗,但是对于自己真正想要什么,却没有一个非常明确的目标。

你呢?你能否马上说出你想要什么样的生活?但是必须注意:不要让你的欲望超出你的能力。确定适合你的目标可能是不容易的,它甚至会包含一些痛苦的自我考验。但无论付出什么样的努力,这都是值得的,因为在实现目标的过程中,你会得到许多好处,而且这些好处几乎不请自来。

目标是对于所期望成就的事业的真正决心。你是否有一个目标或目的?你必须有一个,因为你难以达到你并未曾有的目标,正像要你从一个从未到过的地方回来一样。

在生命中没有一个明确目标的人,很容易受到一些微不足道的诸如忧虑、恐惧、烦恼和自怜等情绪的困扰。而这些情绪都是软弱的表现,都将导致无法回避的过错(虽然途径不同)、失败、不幸和失落。

一个人应该在心中树立一个合理的目标,然后着手去实现它。他应把这一目标作为自己思想的中心。这一目标可能是一种精神理想,也可能是一种世俗的追求,这主要取决于你此时的本性。但无论是哪一种目标,你都应将自己思想的力量全部集中于为自己设定的目标上面。你应把自己的目标当作至高无上的任务,应该全身心地为它的实现而奋斗,而不允许你的思想因为一些短暂的幻想、渴望和想象而迷路。

将来的你，一定会感谢现在拼命的自己

拿破仑·希尔告诉我们，有了目标才会成功。你过去或现在的情况并不重要，你将来想要获得什么成就才最重要。除非你对未来有理想，否则做不出什么大事来。

那些还没有准备好考虑一个伟大目标的人应该致力于完成自己当前的义务，无论这些任务如何的微不足道。只有通过这种方式，思想才能够被聚焦；果断的性格、充沛的精力才能逐渐地发展起来。当一切就绪后，世上就再没有无法完成的事情了。

明确的目标设定具有一种潜意识的强大能量。因为一旦有了明确清楚的目标之后，潜意识就会自动地发挥它无限的能量，产生强大的推动力，并且能够不断地瞄准和修正，自然地把我们引到朝向目标的方向前进。

体质虚弱的人能够通过精心、持久地训练变得强壮。同样道理，思想软弱的人也能通过正确思想的锻炼变得坚强。

抛开漫无目的生活，开始为你的人生确定目标，这意味着你将加入强者的行列。在强者眼里，失败是通往成功的必经之路，他们能积极地利用外部条件，努力地思考、无畏地尝试，最终都会取得辉煌的成果。

确定了自己的人生目标，并让自己一生不偏不倚地朝着这个目标迈进，你的生命也就不会有迷惑和遗憾。

心中所有的疑虑与恐惧都应统统清除。这些杂念只会影响所有的努力，扭曲正确的方向。疑虑、恐惧的想法不会获得任何成就，只能走向失败。

在心中放任疑惑与恐惧生长而不是将其扼制的人，是在成功的道路上为自己设置了障碍，每走一步都会受到牵制、阻挠。而征服了疑虑与恐惧的人就征服了失败。他的每一缕思想都富有力量，面对所有的困难他都能坦然处之，并运用才智加以克服。他的目标被牢牢地种植在内心深处，它们开花、结果、成熟，而不会过早地夭折、落地。

一个人有了明确的奋斗目标，也就产生了前进的动力。因而目标不仅是奋斗的方向，更是一种对自己的鞭策。确立了明确的目标，你会最大可能地发挥自身的潜能。只有在实现目标的过程中，我们才能够检验出

自己的创造性,调动沉睡在心中的那些优异、独特的品质,才能锻炼自己、造就自己。

一个人活着而没有目标,他就会彷徨、苦闷和不安。而唯有当一个人确实了解他自己所要过的是什么生活和他所要追求的目标到底是什么之后,他才觉得他的生命充实和有意义。

02 做事讲方法,蛮干逊巧干

有一个非常勤奋的年轻人,很想出人头地。但经过多年的努力,仍然没有长进,他很苦恼,就向智者请教。

智者叫来正在砍柴的3个弟子,嘱咐他们说:"你们带这位施主到五里山,打一担自己认为最满意的柴。"3个弟子带着年轻人直奔五里山。

等到他们返回时,智者正在原地迎接他们。年轻人满头大汗、气喘吁吁地扛着两捆柴,蹒跚而来;两个弟子一前一后,前面的弟子用扁担两头各担着4捆柴,后面的弟子轻松地跟着。正在这时,从江面驶来一个木筏,载着小弟子和8捆柴,停在智者面前。

年轻人和两个先到的弟子,你看我,我看你,沉默不语。唯独划木筏的小徒弟,与智者坦然相对。

智者见状,问:"怎么啦,你们对自己的表现不满意?"

"大师,让我们再砍一次吧!"年轻人请求道,"我一开始就砍了6捆,扛到半路,就扛不动了,扔了两捆;又走了一会儿,还是压得喘不过气,又扔掉两捆;最后,我就把这两捆扛回来了。可是,大师,我已经很努力了。"

"我和他恰恰相反,"那个大弟子说:"刚开始,我俩各砍两捆,将4捆

将来的你,一定会感谢现在拼命的自己

柴一前一后挂在扁担上,跟着这位施主走。我和师弟轮流担柴,不但不觉得累,反倒觉得轻松很多。最后,又把施主丢弃的柴挑了回来。"

划木筏的小弟子接过话,说:"我个子矮,力气小,别说两捆,就是一捆,这么远的路也挑不回来,所以,我选择走水路……"

智者用赞赏的目光看着弟子们,微微颔首,然后拍拍年轻人的肩膀,语重心长地说:"一个人要走自己的路,本身没有错,关键是怎样走,走的方法是否正确。年轻人,你要永远记住:选择比努力更重要。"

目标可以是一个,走的方法却可以不同。在实现目标前,不要一头扎进去,可以想想采用哪种走法更好,不同的走法将决定你在竞争中的优劣,从而导致截然不同的结果。

有一句谚语:"巧干能捕雄狮,蛮干难捉蟋蟀。"这句话道出了一个普遍的真理,即做事要讲究方法,巧干胜于蛮干。

绝大多数人之所以不能成功，不是因为自己的目标出了问题，而是不重视做事最有效的方法，以至于在做事的道路上徘徊不前，难以成功。做任何事情都需要方法、技巧，以便更轻松、更快捷。良好的方法还能使人们更好地发挥天赋的才能。

埋头苦干不如巧干，做事从找对方法开始。民谚中有"卤水点豆腐，一物降一物"的说法，《射雕英雄传》里面有一个情节：黄蓉被一个巨大的海蚌夹住了脚，费了老大的劲也掰不开，结果抓了一把细沙放到蚌壳里面，蚌就自己打开了，因为蚌最怕的就是细沙。

可见，找对方法是抓住事情的关键。在生活中，许多人经常抱怨，自己付出的辛勤汗水并不比别人少，但成绩却总没别人好，究其原因，主要是方法问题。在做事过程中，我们要从找对做事的方法开始做起。

在美国的企业中流行这样一句话："上帝不会奖励努力工作的人，只会奖励找对方法工作的人。"这反映出美国企业对工作方法的重视。

最近也流传着这么一句话叫"方法永远比问题多"，仅仅知道做什么是不够的，因为人的命运取决于做事的结果，而结果取决于做事的方法。所以，做事要寻找方法，掌握方法，注重方法。

只有掌握了做事的正确方法，运用正确的做事策略，我们才能事半功倍。如果一味地盲目冲动，做事不假思索，眉毛胡子一把抓，结果往往是事倍功半。要想比别人多获得成功的机会，你要真正参透做事的学问，掌握正确的做事方法，你最终可以迎来收获成功的一天！

金玉良言

越是主动选择，对选择者来说就越不容易，因为他要为这选择的后果负全部责任。一旦经过深思熟虑选择了，他前进的路上就会少一些曲折。

将来的你，一定会感谢现在拼命的自己

03　躺着做梦，不如起来行动

　　5年前，一个人到贫困地区做福利工作。他主要做的就是让每个人相信自己有自给自足的能力，并激励他们实现自己的想法。

　　当他来到一个小镇后，当地政府召集了25个靠政府救济生活的穷人。握手后，他问的第一个问题是："你们有什么梦想？"每个人都用怪异的眼神看着他，好像他是外星人。

　　"梦？我们从来不做梦。做梦又不能让我们发财。"一个红鼻子寡妇回答道。

　　他耐心地解释道："有梦想不是做梦。你们肯定希望得到什么，希望什么事情能突然实现，这就是梦想。"

　　红鼻子寡妇说："我不知道你说的梦想是什么东西。我现在最想赶走野兽，因为它们总是想闯进我家咬我的孩子。"

　　大家都笑了起来。

　　他说："哦！你想过什么办法没有？"

　　寡妇说："我想装一扇牢固的、可以防御野兽的门，这样我就可以出去安心干活了。"

他问："有谁会做这类的门吗？"

人群中一个有些秃顶的男人说："很多年以前我自己做过门，现在恐怕都不会了。不过我可以试试。"

接下来，他问大家还有什么梦想。

一位单亲妈妈说："我想去大学里学文秘，可是没人照顾我的6个孩子。"

他问："有谁能照顾6个孩子？"

一位孤寡老太太说："我以前帮助别人带过不少孩子，我想我应该能带好那些小家伙。"

他给秃顶男人一些钱去买材料和工具，然后把这些人解散了。

一星期后，他重新召集那些穷人，并问那个红鼻子寡妇："你家的防兽门装好了吗？"

红鼻子寡妇高兴地说："装好了，我可以放心地去做事了。"

他接着问秃顶男人。秃顶男人说："很多年前我给自家做过防兽门，当时做得不好，后来我再也没做过。这次我想一定要做好，结果真的做好了。许多人说我很了不起，能做那么结实漂亮的门。"

他对穷人们说："这位先生就是个很好的例子。梦想是可以实现的。好多时候不是我们没有本事，而是我们不愿意去尝试，或者不愿意去努力。"

5年后，他又来回访，当年那25个穷人中只有6个智力低下的残疾人继续靠政府救济生活，其余的都过上了自给自足的生活：红鼻子寡妇种的咖啡很好，秃顶男人成了有名的木匠，孤寡的老太太开了个托儿所，那个上完大学的单亲妈妈开了一个家具公司，吸收了许多人就业。

梦想只要不"梦"得太虚幻，就可当作目标。有这种梦想做前提，你就可以把自己从日复一日的闲散荒废中拔出来，变成追梦人，从而让人生来个大大的改写。

梦想是成功的前提。一个没有梦想的人，往往没有找到自己的发展

将来的你，一定会感谢现在拼命的自己

方向，因而很难更有效地前进，难以获得更大的进步。很多父母阻止子女去追求更加美好的生活，理由是不可能存在那样的生活。他们要求自己的孩子满足于一项普通的工作，过一种平凡甚至平庸的生活。他们不知道，所有富有的人、所有成功者都是从贫穷或失败中走出来的，比如林肯、里根、福特、李嘉诚、王永庆等。世界上的富翁和伟人，他们的富有和成功都是强烈追求自己梦想的结果。

我们的梦想并非空中楼阁。然而，每一座现实的城堡，每一个温馨的家，每一幢建筑物，在一开始都是空中楼阁。合理的梦想具有创造性，它使我们的愿望成为现实，使得我们的渴望、我们的希望成为现实。生活中出现的任何事物，我们总是先在精神中把它创造出来。

一个真正渴望成功的人，不会因为现实的境况恶劣而束缚自己的思想，他们敢于树立自己的目标，相信自己有能力去实现这样的目标，并为实现自己的目标而不懈奋斗。聪明的人不会按照别人的发展模式或成功标准来制定自己的人生计划，他们会通过自己的思考，去寻找适合自己的梦想，并采取适合自己的方式去实现它。

有梦想，生活就过得有滋有味，世界在眼中就精彩无限，这是美好生活的第一步。但只有梦想，而不付诸行动，只能是空想、幻想而已。当你确定了适合自己的梦想后，你必须把梦想转化为实际行动，向梦想宣战。

一个没有梦想的人是可悲的，一个空有梦想没有行动的人是可怜的。行动源于梦想，而梦想又要靠行动去实现。一个人如果只是有很多梦想，却没有实现梦想的能力和信念，他最终的命运和没有梦想的人是一样的。树立梦想是一种积极的态度，但梦想不会无缘无故地成为现实，我们需要的是积极的行动和做法，努力朝着目标前进，只有这样，成功才会水到渠成。

"钢铁大王"卡内基原本只是一家钢铁厂的普通工人，但他凭着"要制造和销售比其他同行更高品质的钢铁产品"的梦想和对梦想执著的追求，最终成了全美国、乃至世界钢铁行业的领导者。

只有将梦想付诸行动才是有效的，梦想才能变为现实。伴随着强烈的决心，梦想使我们更富创造力。如果我们只是空谈理想，而不做出任何

努力，那么梦想永远不会结果。

那些荒唐的短暂的梦想不会为我们带来任何好处，而那些切实的、合理的梦想却能够对我们施以很大的帮助，它可以使我们获得更加崇高的生活。詹姆斯·艾伦告诉我们："你心中怀有的梦想，你一直珍藏于心的理想——这是你生活的基础，是你的未来。"

金玉良言

一个有目标的人和别人的不同地方，就在于他虽然在纷纭杂乱之中，仍然不会迷失。他可以操纵自己，而不被别人操纵。

04 不舍弃鲜花，就得不到果实

学校请一位著名的教授来做一次演讲。

教授站在大阶梯教室的讲台上，桌子上放了两个水杯，里面盛满了液体，一杯黄色的，一杯白色的，他故作神秘地对同学们说："待一会儿，你们从这两个水杯中选择其中的一杯尝一下，不管是什么味道，先不要说出来，等实验完毕后我再向大家解释。"随后，教授先问甲乙两位同学想喝哪一杯，甲、乙二人都说要黄色的那杯，接着又去问丙和丁两位同学，丙、丁二人也同样要尝试黄色的那杯。就这样，总共有200多个同学做了尝试，其中不足三分之一的同学选择了白色的那杯。

之后，教授问："黄色的那杯是什么？"

大多数同学伸出舌头，苦笑着回答："是黄连水。"

"那你们为什么想要尝试这一杯呢？"教授接着问。

同学们又回答："因为它看起来像果汁。"

教授笑了笑，接着又问品尝白色那杯的同学，这些同学大声答道："是

将来的你，一定会感谢现在拼命的自己

蜂蜜。"

"那你们为什么选择尝试白色这杯呢？"

"因为掺杂了色素的水虽然好喝、好看，但并不能解渴呀！"喝过蜂蜜的同学笑着答道。

听完同学们的回答，教授笑了笑，总结道：大多数同学选择了很苦的黄连水，因为它看起来像果汁，只有极少数同学尝到了蜂蜜——这是为什么呢？在我看来，人生也就是两杯不同颜色的水，一旦选择了一种，便意味着放弃了另一种。大多数人都会选择有颜色的、耀眼的那杯，只有极少数才会选择不太起眼的、不招人喜欢的、很平常的那杯。前者追寻艳丽，相对来说很前卫，但结果往往会尝到苦味；而后者因为并不注重于颜色，很看重实际，所以能尝到甜头。

每一次选择同时也意味着放弃，每一次获得都意味着失去。很多人

选择时,都认为别人所选的就是最好的,所以不爱放弃"热门"的领域,全然不顾自己适不适合那个领域。这样的选择是做给别人看的,最终不会让你得到实惠,不如静下心来,认清自己的才华,选择一个适合你的、容易让你取得成功的领域。

作为生活中的个体,我们每个人无论在社会地位、家庭条件、个人能力、学识修养等各方面,都与他人有着很大差异。这就决定了我们要根据自己的实际情况,认准自己的定位,确定最为适合自己的生活方式,选择最有利于自己生存和发展的人生道路。

有两只老虎,一只在笼子里,一只在野地里。

在笼子里的老虎三餐无忧,在野外的老虎自由自在。两只老虎经常进行亲切的交谈。

笼子里的老虎总是羡慕外面老虎的自由,外面的老虎却羡慕笼子里的老虎安逸。一天,两只老虎达成共识,决定互换位置。

于是,笼子里的老虎走进了大自然,野地里的老虎走进了笼子。从笼子里走出来的老虎高高兴兴,在旷野里拼命地奔跑;走进笼子的老虎也十分快乐,他再不用为食物而发愁。

但不久,两只老虎都死了。

一只是饥饿而死,一只是忧郁而死。从笼子中走出的老虎获得了自由,却没有获得捕食的本领;走进笼子的老虎获得了安逸,却没有获得在狭小空间生活的心境。

这个故事告诉我们:这个世界上,只有适合自己的才是最好的!

这个世界多姿多彩,每个人都有属于自己的位置,有自己的生活方式,有自己的幸福,所以我们不必羡慕别人,安心享受自己的生活,享受自己的幸福,才是快乐之道。

任何事物,大可不必强求与他人雷同。适合他人的,不一定适合自己,适合自己的,也不一定适合他人。在确定自己相关问题,特别是人生重大问题的选择上,一定要切实立足于自身实际,实事求是地确定自己的取舍。

你不可能什么都得到,你也不可能什么都适合去做,所以,你要学会

将来的你，一定会感谢现在拼命的自己

放弃,放弃不切实际的想法,放弃愚蠢的行动。只有学会放弃,学会知足,才能更好地把握快乐、享受幸福。

早一点认清自己的天赋才能,把自己放在一个对的起点上,可以提早成功的时日,可以使你这一生都过着与自己意愿相契合的愉快的日子。

05　了解自己，找到自己的独特之处

有个年轻人很想成就一番事业,一直没有成功,渐渐地,他失去了信心。后来有一个机会,他去拜访了一位成功的长者,痛苦地问:"为什么别人努力的结果总会成功,而我努力的结果却那么糟糕呢?"

长者微笑着,反问了他一个无关的问题:"如果我送你'芳香'两个字,你首先会想到什么?"

年轻人回答说:"我会想到糕点,虽然我开办不久的糕点店已在前些日子停业了,但是我仍会想到那些芳香四溢的糕点。"

长者点了点头,然后带他拜访了一位动物学家朋友。见面后,长者问了对方一个相同的问题。

动物学家回答道:"这两个字,首先使我想到眼下正在研究的课题——在大自然界,有不少奇怪的动物,利用身体散发出来的芳香做诱饵捕捉食物。"

之后,长者又带他去拜访一位画家朋友,也问了对方这么一个问题。

画家回答道:"这两个字,使我联想到百花争艳的野外和翩翩起舞的少女。芳香,能够给我的创作带来灵感。"

年轻人始终不明白长者的用意。

在返回途中,长者又顺便带他拜访了一位久居海外、刚刚回国探亲的富商。谈话中,长者也问了对方这么一个问题。

富商动情地说:"这两个字,使我联想起故乡的土地。故乡泥土的芳香,令我魂牵梦绕。"

辞别富商之后,长者问年轻人道:"现在,你已经见过不少出色的人物了。那么,他们对'芳香'的认识与你相同吗?"

年轻人摇了摇头。

长者继续问:"那他们对'芳香'的认识又相同吗?"

年轻人又摇了摇头。

长者笑了,意味深长地说:"其实在生活中,每个人都有与众不同的芳香,你也一样。为什么你现在做的不像别人那么出色呢?那是因为你只是在看别人如何欣赏他们的芳香,而把自己的芳香给忽视了……"

一朵最不起眼的小花,也有它的芳香、它的美丽、它的不可取代的独一无二,所以,不要跟别人比,不要盲目地羡慕别人拥有的东西,学会正视自己、珍惜自己,欣赏自己身上的芳香。

在现实生活中,有些人总是羡慕别人,憧憬别人的财富与成功。他们总是试图表现出自身并不具备的品质,最终把自己搞得心神疲惫。每个人都有自己的芳香,只要做好自我就已经足够了。

每个人在世界上都是独一无二的,正如大树上的叶子一样,没有一片

将来的你，一定会感谢现在拼命的自己

叶子与另一片完全相同。而人具有的这种与众不同的特性，既可以表现在一个人的生理素质和心理素质上，也可以表现在一个人的社会阅历和人际关系上。如果忽视或抹杀自己的特性，是永远不可能获得真正的成功和自由的。

爱默生曾经说过："羡慕就是无知，模仿就是自杀。"纵观历史，不知道有多少天赋非凡的模仿者，由于遗忘或者故意掩饰自己的特殊性，最终都一事无成，沦为追随他人的牺牲品。

尼采说过："聪明的人只要能认识自己，便什么也不会失去。"一个人正确的认识自己，懂得欣赏自己，才能使自己充满自信。

人生最重要的欢乐在于创造。你首先必须干得和别人不一样，然后才能比别人干得好；你首先必须为这个世界带来一些新的东西，然后才能实现自己的成功和自由。

你就是你，不是别人；你不需要成为别人，也不可能成为别人。无论你想在哪一个领域中获得成功和自由，都必须保持自己的特色，培养自己的风格。

要成为一个有价值的人、一个可以获得成功和享受自由的强者，必须展现自己独特的存在，必须发掘自己的特殊性。在当今竞争激烈的社会，不展示自己的独特性，连生存都困难，更别奢谈发展与成功了。

任凭世事纷纭，你要好好把握自己，不要忽视自身的芳香，每个人都有适合自己的路。走在适合自己的道路上，人生才是有意义的。在决定成败、决定前途和命运的关键时刻，务必像雄狮和苍鹰那样独立，坚持自己的独特性，发扬自己的特殊性，你的人生才能焕发出别样的美丽。

金玉良言

也许我们不大注意，我们时常用各种方式称赞别人——其实我们是在称赞自己。肯定自己，我们就会对自己的人生充满信心。

06　拼在现在，成功在未来

1871年春天，一个年轻人忧心忡忡，他是蒙特瑞综合医院的一名学生。此时，他对自己的未来充满困惑："怎样才能顺利地通过考试？毕业后该做些什么？该到什么地方去？如何开展自己的事业？怎样才能谋生？"

在极度迷茫中，他拿起一本书。在这本书中，他看到了24个字，正是这24个字使他——一个年轻的医科学生，后来成为著名的医学家，他不仅创建了举世闻名的约翰·霍普金斯医学院，还得到了大英帝国医学界

将来的你，一定会感谢现在拼命的自己

的最高荣誉——牛津大学医学院的讲座教授,另外,英王还授予他爵士的封号。他去世后,记述他一生经历的两卷大书长达1466页。

他的名字叫威廉·奥斯勒爵士。可以说,这24个字对他的前途产生了巨大影响,并使他取得了巨大的成就。这24个字就是汤姆斯·卡莱里写的:"关键的是要做手边最清楚的事,而不是看远处模糊的事。"

很大程度上,我们心灵平静的程度取决于我们能否生活在现在时。无论昨天或去年发生了什么,明天也许会发生或不发生什么,你身处的都是现在时,永远如此。我们让过去的问题和未来的忧虑来控制我们的现在时刻,以至于以焦虑、受挫、沮丧和不抱希望而告终。

多年以前,有个穷困潦倒的哲学家四处流浪。一天,他来到一个贫瘠的乡村,这里的老百姓生活得非常艰苦。当人们走上山顶,聚集在他身边时,他引用了一句耶稣的话:"不要为明天担心,因为明天自有明天的烦恼,今天的难处留在今天就够了。"这句话虽然只有短短的26个字,但却是有史以来引用次数最多的名言,它经历了好几个世纪,一代一代地流传下来。

对一个聪明人来说,每一天都是新的开始。好好生活一天并不困难,每天清晨,我们都要告诉自己:"今天又是一个新的开始。"

过去的已经过去,过去不能重来,只有重新开始。为过去哀伤、遗憾,除了劳心费神、分散精力之外,没有一点益处。

当我们学会忘记过去,我们就不再斤斤计较,整个人会变得快活起来,就会对生命充满热爱,遇到什么问题,都不会害怕,用不着担心将来会变得怎样的不好,只要做到过好每一天。对一个聪明人来说,每一天都是一个新的开始。

古罗马诗人荷瑞斯写道:
这个人很快乐,也只有他才能快乐;
因为他将今天称为自己的一天。
他在今天感到安全,并说:
不管明天多么糟糕,我已经过了今天。

我们每天都要去面对一些新的事物,每时每刻都要面临新的挑战,如果能战胜挑战,那我们也就拥有了更多美好的时光,拥有了更多美好的事物,生活也将更加美好更加幸福了。

你珍惜今天吗?请你问自己以下几个问题:

(1)我是否忽略了现在,只担心未来?或者只追求所谓的"天堂里奇妙的玫瑰园"?

(2)我是否常常为过去已经发生的事情而后悔,并因那些已经过去、已经发生的事情让现在更加难受?

(3)当我清晨起床时,是否决定"我要抓住今天",尽量利用这 24 小时?

(4)如果我真的做到威廉·奥斯勒爵士所说的"活在完全独立的今天",是否能使我从生命中得到更多的东西?

(5)我应该从什么时候开始这么做,是下个星期——明天——还是今天?

一位诗人曾说:"假如你还在为错过昨天的太阳后悔,那么你将错过今晚的星星和月亮。"所以,应该学会埋葬过去,同时要将未来紧紧关在门外。就像对待过去那样,过去的负担加上未来的负担,必定会成为今天的最大障碍。未来永远只存在于今天,人类获得拯救的日子就是现在,一个总是为未来忧心忡忡的人,只会浪费精力、无所作为。因此,好好关注一下自己生活中的每个侧面,养成一个良好的习惯,应该生活在今天里。

金玉良言

乐观的人,在每一次的忧患中,都能看到一个机会;而悲观的人,则在每个机会中,都看到某种忧患。

将来的你,一定会感谢现在拼命的自己

07 听内心的声音,找独一无二的路

　　有个叫迈克的少年,读书总是很吃力,不管他费多大的劲儿,功课都只是勉强跟得上。高中毕业时,老师跟他谈话:"迈克,我知道你是一个非常努力的孩子,但你的学习进步不大,再学下去,你能肯定自己没问题吗?"

　　迈克难过地低下头,难过地说:"我一直都很认真,可我太笨了。我的父母一定失望透了,他们对我的希望是那么大。"
　　老师拍拍他的肩膀:"不是这样的,迈克,抬头看着我。"
　　迈克缓缓抬起了头。
　　"每一个人都有自己的特长,你也不例外。现在,我们只知道你的特长不在学习上,但到底是什么,得由你自己去寻找。努力吧,父母一定会为你而骄傲。"老师盯着迈克,诚挚地说了这番话。
　　这以后,迈克没再上学。为了养活自己,迈克从事过很多工作,推销员、水泥工、送报人……最后他喜欢上了修剪花草这份职业。迈克的园艺技术非常好,经他整理过的园圃,常常得到人们的赞美,并称他为"绿拇

指",找他修剪花草的人越来越多。

一天,迈克路过市政厅,发现前面有一片非常不和谐的荒地。为什么不把它变成美丽的花园呢?迈克马上找到参议员,向他提出了自己的建议。

"可我们拿不出这笔钱来。"参议员说道。

"不用给我钱,"迈克说道,"只要让我干就行。"

参议员从未遇到过办事不要钱的事,他喜出望外,马上带迈克办妥了各种手续。

第二天,迈克就动手干起来。他先在空地上种下几棵杨槐树苗,又从朋友那里拿来各种花卉幼苗,精心地栽在树周围。很多人听说了迈克的行动,都主动前来帮忙,他们有的提供各种花苗,有的提供优质的化肥。

没过多久,一个美丽的花园便出现在市政厅前面。绿茵茵的草坪,各种美丽的鲜花,过路的行人都禁不住驻足观赏,许多小孩子在其间追逐嬉戏。迈克很快就在全城出了名,大家都夸他干得好。

后来,迈克成了一位著名的园艺家。虽然他不会法语和微积分,但他的父母却为他骄傲不已。

世界上,每个人都是独一无二的。

既然你是世上独一无二的,你就应该把自己的禀赋都发挥出来,无论是长处还是不足,你都得弹起生命的琴弦。

你无须按照别人的眼光和标准来评判自己甚至约束自己,做个真正的自我,这才是最重要的。

罗莎琳·苏斯曼·雅洛在十几岁时,读了《居里夫人传》,便认定居里夫人的路就是自己要走的路。这一想法,在周围人看来简直是天方夜谭。她高中毕业时,母亲希望她当小学教师;大学毕业时,父亲希望她去当中学教师。但是她说:"居里夫人也是女人,她做出了许多男人做不到的事,我相信自己也能像她那样度过一生。"而且,她还保证:自己不仅要成为一个居里夫人那样的大科学家,也要成为一个好妻子、好母亲。最终,她实现了诺言,不仅成为 1977 年诺贝尔生理学和医学奖获得者,而且

将来的你，一定会感谢现在拼命的自己

还是一位有名的贤妻良母。

　　罗莎琳·苏斯曼·雅洛之所以能够成功，就是因为她一直没有停止张扬自己的个性，即使是在艰苦的环境中，也为自己心中的那个梦想而努力拼搏。

　　每个人都潜藏着独特的天赋，这种天赋就像金矿一样埋藏在我们平淡无奇的生命中。善于挖掘自身的金矿，使自己的才能为世人所发现，才能为人重用，有所作为。韩愈说："千里马常有，而伯乐不常有。"其实，即使是千里马，如果不志于千里，不去积极地表现自己，又怎么能被伯乐发现呢？长此以往，恐怕就要由"千里马"变成"卧槽马"了。

　　很多人认为：只有那些成功人士才有特长，这是错误的。事实上，每个人都有特长，都有天生的强于他人的能力。只是有的人及时发现和展现了自身的特长，而有的人则把这种资源浪费掉了。所以，我们应发挥特长，充分展现个性自我。

　　展现个性自我，才能使你的抱负变成现实。一个人如果空有凌云壮志，生活中和做事却畏首畏尾，不敢表现自己，又如何能"直挂云帆"呢？

　　每一个人都是不同的，就像世界上没有两片完全相同的叶子一样。缺点再多的人也会有值得别人学习的优点，也会在某些方面是超出常人的。好好地挖掘和珍惜自己的特长，并学会用特长的亮点装扮你的人生。

金玉良言

　　你若不能做条大路，那就做条小径；若不能做太阳，就做星星。不是以大小来决定你的输赢，但要做，就做最好的你。

08　找到适合的位置，发挥能力

　　有一个农村女子，高中毕业后没考上大学，被安排在当地的一所学校教初中。结果,上课还不到一周,由于解不出一道数学题被学生轰下讲台。她垂头丧气地回了家,母亲为她擦干眼泪,安慰说:"满肚子的东西,有的人倒不出来,有的人倒得出来,没必要为这个伤心,找找别的事,也许有更合适的事情等着你去做呢。"

后来,女子跟随本村的伙伴一起出外打工。进入一个服装加工厂,糟糕的是,没几天她又被老板赶了出来,原因是裁剪衣服的速度太慢了,别人一天可以裁制出六七件来,而她仅能做出两件,而且质量也不过关。她又回到家,母亲对女儿说:"手脚总是有快有慢的,别人已经干了许多年,你初来乍到,怎么快得了。"说完,便为女儿打点行装,准备让她到另一个地方试试。

女子先后到过几家工厂、公司,当过编织工,干过营销,做过会计,但无一例外,时间不长都被辞退。然而,每当女儿失败后满脸沮丧地回家

将来的你，一定会感谢现在拼命的自己

时,母亲总是安慰她,从来没对她说过抱怨的话。

一个偶然的机会,女子受聘于一所聋哑学校当辅导员,这一次,她如鱼得水。几年下来,凭着学哑语的天赋和一颗爱心,她与学生建立了良好的互动关系,深受学生们的爱戴。后来,她自己申请开办了一家残障学校;再后来,她在许多城市又开办了残障人用品连锁店。如今,她已经是一位爱心和资产一样都不少的女老板。

有一天,功成名就的女儿凑到年迈的母亲面前,想得到一个一直以来都很想知道的答案。那就是,当她连连失败,自己都觉得前途渺茫时,是什么让母亲对自己那么有信心?母亲的回答很简单,她说:"一块地,不适合种麦子,可以试试豆子;豆子也长不好的话,可以种瓜果;瓜果也不济的时候,撒上些荞麦种子一定能开花。因为一块地,总有一粒种子适合它,也终会有属于它的一片收成……"

听完母亲的话,女儿落泪了。她明白了,实际上,母亲恒久而不绝的信念和爱,就是一粒坚韧的种子；她的奇迹,就是这粒种子执著而生长出的奇迹。其实,生活中很多人之所以失败,不是因为别的,其最原始的、最起初的原因就是他没有选准适合自己的领域……如果你做的是自己适合并擅长的事,现在会是这个样子吗?

人一出生以来就有一种本能的欲望,这种欲望,就是他渴望成功,渴望得到重视。对于成功的需求,是与生俱来的,是抹杀不掉的。从成功中,人们可以获得心灵上极大的满足,以此感受到精神的快乐。

每个人在努力而未成功之前,都在寻找适合自己的种子。但寻找的道路是漫长而又艰辛的。也许前途渺茫,也许困难重重,但只要你坚信自己有能力,并且有毅力,那么你必定会在某一时刻、某一地点找到属于自己的种子。它或许会躲在崖缝里,或许会藏在深山中,你一旦找到它,它便会给你带来好收成。因为,这种子是为你而生、为你而长。

每个人都有适合自己的位置。只有找准了自己的位置才能实现自己的价值,实现自己的梦想。如果这个位置不适合你,那就以平常心态去寻找人生的另一个突破口,只要你坚信"总有一粒种子适合你"。

成功学说:"做自己喜欢和善于做的事,上帝也会助你走向成功。"这也是世界首富比尔·盖茨说过的一句话,这是不是应该成为今后我们选择职业的指南针呢?

在人生的所有幸福中,有一种幸福被人们所津津乐道并被人所羡慕,这种幸福并不是大多数人能拥有,只有少部分人才能很幸运地得到。大多数人为了生计而奔波,不得不干他们所不喜欢的职业,这其实是很不幸的。而真正的幸福就是所从事的工作是适合自己的,也是自己想干的,就像易趣网的创始人邵亦波所说:"一个人要成功的话,一定要找到自己最想做的事,当然这也是他最能干的事,这样他就能够每天都很有劲地去工作,也容易成功……"

在这样一个纷繁复杂的社会里,凡事不要太勉强,也不要对自己的能力妄自菲薄,要正确看到自己的优势,发现自己的特长。记住:总有一粒种子适合你!

要做最好的自己,首先要敢于向自己挑战,不满足现有的一切。

09 广交朋友,众人拾柴火焰高

唐玄宗李隆基在位时,有个叫张说的人,家中的门生与自己十分宠爱的婢女私通,张说想处置他。门生大叫道:"难道你就没有需要人帮助的时候吗?何必舍不得一个奴婢呢?"

张说闻言,暗自吃惊,不仅没有惩罚他,还将那婢女赐给他,将他打发走了。

很久以后,张说遭人陷害,被关入大牢,生死未卜。有天晚上,那个很

将来的你，一定会感谢现在拼命的自己

久都杳无音讯的门生送来一幅夜明帘给张说，叫他送给九公主。张说依言办理，通过九公主在唐玄宗面前说情，张说才免于遭难。

从古至今，类似的例子数不胜数。民间常有"多一个仇人多一堵墙，多一个朋友多一条路"的说法，看来非常有道理。

有些人平时不善于真心结交朋友，往往在需要朋友相助的时候，一筹莫展，后悔没有几个知己。在成大事者中，"朋友价值"是非常重要的，它强调"以朋友为人生最大的财富"。对成大事者而言，朋友是成大事者的依靠。

在人际交往中，朋友是十分重要的，一个人在社会上活动，必须靠朋友帮忙。真诚的朋友，总会在精神上给你鼓励，在思路上给你以理智的指点，帮助你驱除灰暗的心态，使你及时振作起来。

我们更需要友谊的滋润。这里所说的并不是那种"酒肉朋友"，而是忠诚、患难与共、相互扶持的朋友，这是人际关系中最佳的一种关系。

拥有真诚友谊的人，比百万富翁或亿万富翁更富有。这听起来有点像老生常谈，却是一个不容怀疑的真理。

美国著名演员及幽默家罗吉斯曾经说过："我从未遇见我不喜欢的人。"

这种充满感情、充满真诚的说法，出自一位以纯真、和善而赢得全美国爱戴的人的口中，着实令人感动。下面是结交朋友、获得友谊的一些规

则和方法,可能会对你有所启迪。

1. 结交朋友的方法

结交朋友是一门艺术,它需要良好的交友方法:

一是对他人感兴趣。维也纳著名心理学家亚佛·亚德勒写过一本书,叫做《人生对你的意义》。在这本书中,他说:"不对别人感兴趣的人,别人也不会对他感兴趣。所有人类的失败,都出自于这种人。"所以,要想交到真正的朋友,首先要对结交的人感兴趣。

二是对别人表现出真诚的关切。要表示你的关切,这种关切必须是发自内心的,必须是诚挚的。这样的关切会让当事人双方都受益。这是结交朋友的真谛!

2. 结交朋友的五项规则

真心朋友是最大的财富,我们在结交朋友时,应当遵循以下五项规则,这样你就可以结交到真正的朋友。

一是做你自己的朋友。

如果你无法成为自己的朋友,那你就不可能成为别人的朋友。如果你看不起自己,也将无法尊敬别人,而且将对别人充满嫉妒。其他人也将察觉到你的友谊并不纯净,因此将不会回报你的友谊。他们可能会同情你,但怜悯并不是友谊坚强的基础。

二是主动接近别人。

当你与某个相识的人在一起时,如果你觉得自己有意谈话,不妨尽量表达你的意思,只要不失态,大可放言高论。如果你说了一个笑话,不要认为自己傻;如果你感到紧张,并希望别人能够喜欢你,也不要觉得自己不够稳重。努力去找寻具有积极个性与美德的人,把他们找出来,并主动去接近他。

三是把你想象成别人。

这种想象将会帮助你。如果你能以对方的立场来想象对方的心情,并且尽量客观,那么你将可以感受到他的需求,并且尽可能在你的能力范围以及你们的关系程度之内,满足这些需求,你也能够更深入了解他的反

将来的你，一定会感谢现在拼命的自己

应。如果他在某些方面很敏感，你可以避免令他感到难堪或不安。当你觉得有意表现自己的宽大时，你可以建立起他自己的自我形象。如果他是一个值得结交的朋友，他将会对你的仁慈十分感激，而且也将回报你——以他自己的方法回报你。

四是接受他人的独特个性。

人人都有其特点，尤其是坦诚相处时，更能表现出这种特点。不要试图去改变这个事实。他是他，你是你，你接受他的本来面目，他也会尊重你的本来面目。想要强迫别人接受你自己先入为主的观念，这是十分严重的错误。如果你采取这种霸道的做法，你将会得到一位敌人，而不是一位朋友。

五是尽力满足他人的需求。

当今社会竞争激励，人们往往只想到自己的需要，而很少想到别人。尽力摆脱这种情况，并且多多替别人着想，那么你将成为一个受人珍重的朋友。许多人喜欢向别人"训话"，他们发表"演说"，别人只能洗耳恭听。千万不可如此对待朋友，你要和他"交谈"。

这是一些如何交朋友的最聪明的忠告，如果你能有效地应用这几项原则，你将获得令你感到震惊的丰富的友谊。

为自己找一个朋友，生命会多一份精彩，忠诚的朋友是可靠的避难所，谁找到这样的朋友，谁就发现了一座宝藏。

金玉良言

虚伪的友谊有如你的影子：当你在阳光下时，它会紧紧地跟着你，但当你一旦要跨入阴暗处时，它立刻就会离开你。

10　活着，未来才有无限可能

心理学教授法兰克博士讲述了一个故事：

"我在很多年以前遇到过一个中国老人，那是第二次世界大战期间，我在远东地区的俘虏集中营里。那里情况很糟，简直无法忍受：食物短缺，没有干净的水，放眼所及全是患痢疾、疟疾等疾病的人。有些战俘在烈日下无法忍受折磨，一心求死，我自己也想过一死了之。但是有一天，一个人的出现扭转了我的意念，就是那个中国老人。

"那天我坐在囚犯放风的广场上，身心疲惫。我心里正想着爬上通了电的围篱自杀是多么容易的事。一会儿，我发现身旁坐了一个中国老人，我因为太虚弱了，恍惚地以为是自己的幻觉。毕竟，在日本的战俘营区里，怎么可能突然出现一个中国人？

"他转过头来问了我一个问题，一个非常简单的问题，却救了我的命。他问的是：'你从这里出去之后，第一件想做的事是什么？'这个问题我从来没想过，也从来不敢想。但是这时我心里却有了答案：我要再看看我的太太和孩子们。突然间，我认为自己必须活下去，有些事情值得我活着回去做。

"那个问题救了我一命，因为它给了我一个活下去的理由！从那时起，活下去变得不再那么困难了，因为我知道，我每多活一天，就离战争结束近一点，也离我的梦想近一点。中国老人的问题不只救了我的命，它还给我上了一堂我从来没经历过、却是最重要的课。"

目标给了我们生活的目的和意义。要真正地活着，快乐地活着，我们就必须有生存的目标。没有目标，日子便会结束，像碎片般地消失，生活也会失去方向，人更是成了行尸走肉；有了目标，我们才知道要往哪里去，去追求些什么，从而活得有滋味、有盼头。

将来的你,一定会感谢现在拼命的自己

  目标不是别人的希望,不是他人的要求,只是对自己人生的一种能动性构想。有目标,就可以在有限的生涯中把所有的力量往一块使;没有目标,就像是分散兵力打敌人——宝贵的时光过去了,两手却空空如也,不愤世抱怨又能干什么?
  在生活中,许多人之所以不能成功,缺少的不是能力,而是正确的指导方向和明确的目标。
  一个人要想成就一番事业,就应该有一个明确的奋斗方向。沙漠中没有方向的人只能徒劳地走出许多大小不一的圆圈;生活中没有目标的人只能无聊地重复着自己平庸的生活。对沙漠中的人来说,新生活是从选定方向开始的,而对奋斗中的人来说,成功的起点是从确定目标开始的。
  只有确定了目标,人生才有了奋斗的方向。目标就是你的指南针,只有朝着目标前进,你才能最快到达成功的彼岸。

金玉良言

人生总要有许多支撑，少年的理想，青春的恋情，事业和友谊，许许多多，然而这一切随时都有失去的可能。人生中总有几段黑暗的隧洞要我们独自穿行，这些路上没有乐队和鲜花，人必须学会为自己伴奏，高歌向前。

11 现在就起程，明天才会到来

纽约两位63岁的老夫人菲莉西亚和莫莉都喜欢步行，每天她们分别从自己的家里步行到城南的老年活动中心，菲莉西亚每天走45分钟，莫莉每天走1个小时。活动中心的其他老年人都对她们钦佩不已，曾建议她们坐车或坐地铁，但她们风趣地回答，她们每天都太急于见到老朋友了，以至于实在没有耐心去等汽车送她们到中心来。于是又有人开玩笑说："你们合起来走的路，可以绕美国一圈了。"

这句话提醒了菲莉西亚，她兴奋地对莫莉说：住在迈阿密的女儿生了双胞胎，自己正准备去看女儿和外孙，作为送给外孙的见面礼，她决定步行到迈阿密。

莫莉开始说菲莉西亚"疯了"，但转过念来又不无羡慕地说："如果我也有那么可爱的外孙，即使他们住在中国，我也会走着去看他们。"

就这样，菲莉西亚坚定而愉快的身影出现在了纽约到迈阿密市的公路上。当她拒绝任何帮助到达迈阿密以后，一些记者采访了她，问她是如何鼓起勇气步行到迈阿密的。

菲莉西亚夫人答道："如果你有健全的双腿，并且可以行走，那么，走一步路是不需要鼓起勇气的。真的，我所做的一切就是这样。我只是走了一步，接着再走一步，然后再一步一步地走，我就到了这里。"

67

将来的你，一定会感谢现在拼命的自己

是的，你必须迈出第一步，然后一步一步地走下去。否则，不论你花多少时间思考和学习，都不会有所收益，因为确立目标容易，难的是采取行动。

任何事只有行动起来，才会有成功的希望，俗话说：不怕慢，就怕站。无论什么事情，只有做过之后才知道成与不成，而只要做，几乎没有什么不可能。

某杂志曾刊登过这样一个故事：

几年前的一天，杰克到一间没人住的破屋里玩，玩累后把脚放在窗台

上，双手抱着小腿，欣赏着窗外的蓝天白云。一声大吼惊得他一跃而起，没想到左手食指上的指环此时钩住了一个铁钩，竟把手指拉断了。他当时吓呆了，脑中一片空白。

那段时间，杰克认为自己今生全完了。直到有一天，杰克在伦敦遇见个开电梯的人，他失去了右臂，就问他是否感到不便。他说："只有在缝纫的时候才会感到。"这句话深深地打动了杰克，一个失去手臂的人都没有绝望，他又有什么理由不去好好生活呢？他决定不再想伤痛，而是和正常人一样的生活和工作，当遇到因手伤不方便做的事情时，他并未放弃，而是想另外的方法。他比别人想得多也做得多，而他也从此没为失去手指这事烦恼过。后来他几乎从不想左手只剩4根手指，就当这件事从来没有发生过。

人不仅可以忍受不幸，更可以战胜不幸，因为人有着惊人的潜力，只要用积极的心态去激发它，任何难关都可以渡过。用自己坚强的意志去迎击不幸，勇敢地迈出第一步，也没有什么事情做不到。

小说家达克顿曾认为除双目失明外，他可以忍受生活上的任何打击。但当他60多岁，双目真的失明后却说："原来失明也可以忍受。人能忍受一切不幸，即使所有感观知觉都丧失，我也能在心灵中继续活着。"

话剧演员波尔赫德也是这样一位乐观的女性。她在风靡半个地球的戏剧舞台表演50多年。当她70多岁时，突然发现自己破产了。更糟糕的是，她在乘船横渡大西洋的途中，不小心从甲板上滚落，把腿部碰伤并且伤势严重，引起了静脉炎。医生确诊后，认为必须把腿部切除。他不敢把这个决定告诉波尔赫德，怕她承受不了这个打击。可是他低估了波尔赫德。当得知这个消息后，波尔赫德注视着医生，平静地说："既然没有别的办法，就这么办吧。"

手术那天，她神态从容地在轮椅上高声朗诵戏里的一段台词。有人问她是否在安慰自己，她回答："不，我是在安慰医生和护士。他们太辛苦了！"

生活中，许多人经常抱怨生活不如意，抱怨自己没有机会，抱怨没有贵人相助，所以一直没有成功。他们不停地抱怨，就是不抱怨自己没有迈出那一步。要知道心动不如行动。如果他们能像菲莉西亚那样执著地朝目标一步一步迈进，像杰克那样不去想生活带来的不幸，像达克顿和波尔赫德那样用积极的心态时刻揭示自己，他们就会实现他们的人生目标。如果你果断地坚定地迈出那一步，人生就会少很多抱怨，多一份成功。

在我们周围有许多有才华的人，为什么他们并没有成功？其中最大的问题是他们不知道该如何去展示自己，如何去迈出那一步。只有当你在机会面前展示自己，全力以赴接受挑战，才有可能成功。瞻前顾后，止步不前，只会让你的一生碌碌无为。

许多人都说自己的命运怎么那么差，别人就是命运好，比自己命强。其实，许多人并不是先天条件比别人差多少，而是他们不去做，不敢做。

69

将来的你，一定会感谢现在拼命的自己

犹豫不决通常产生于初始阶段。许多人都是因为未能迈出第一步而丧失了大好时机。当第一步迈出以后，第二步、第三步就容易多了。

人生是一趟没有回程的旅途，可是很多人到了人生的十字路口时，却犹豫不前，把自己的抉择交给时间，庸庸碌碌，始终不敢踏出那一步。勇敢地跨出那一步，你就比别人先看到成功的曙光。

金玉良言

人生活在希望之中，旧的希望实现了，或者泯灭，新的希望的烈焰会随之燃烧起来。如果一个人只是过一天算一天，什么希望也没有，他的生命实际上也就停止了。

第三章

习惯千差万别,人生天壤之别

●不良的习惯会随时阻碍你走向成名、获利和享乐的路上去。

●富人的脑袋一刻不停,穷人则不善思考。他们手脚在忙,却不知道也该让大脑忙起来。

●成功没有电梯,只有阶梯,需要一步一步往上爬。

将来的你，一定会感谢现在拼命的自己

01　三思而后行，行动不后悔

　　诸葛亮在水镜先生处读书，经过几年的用心传授，水镜先生决定举行出师考试。

　　水镜先生的考题别出心裁："从现在起直到午时三刻止，弟子当中只要谁能得到老师允许，走出水镜庄，谁就算及格，也就可以出师了。"

　　想出师的弟子中，有人说："大水涨到水镜庄了！"有人喊道："庄后失火了！"水镜先生均一动也不动地继续闭目养神。

　　徐庶还算略有心计，他暗中写了一封假信，对水镜先生哭着说道："今天早晨家里有人送信来，说我母亲病重，我情愿不参加考试，请允许我立即回家探望。"水镜先生微微一笑说："午时三刻以后请自便。"

　　庞统的计谋更胜一筹，他上前禀道："要我得到先生允许从庄里出去，我显然无能为力。但是如果让我站在庄外，设法得到先生的允许走进庄来，我倒还有点办法。"水镜先生说道："庞士元休得耍这些小聪明，给我一旁站下。"

　　而此时诸葛亮一个人伏在书桌上熟睡，鼾声大作，水镜先生见状，心有不悦，要是在往日早就将他赶出去了，今天暂且忍耐。

　　眼看午时三刻就要到了。诸葛亮打着呵欠，嘴里还叨咕着。水镜先生厉声问道："你在说些什么？有话就当面说出来！"

　　诸葛亮也忍不住粗声粗气地顶嘴道："先生您不考四书五经，却出这种古怪的题目。窗友们煞费心机，全是徒劳无益，因为在任何情况下，午时三刻以前您绝不可能让任何人出去的。原来我们以为先生学富五车，但从今天您出的这种考题看来，真是幼稚可笑。我不以身为您的弟子为荣，反而以做您的弟子为耻。请您还我三年学费，今后我们视同陌路，我再去拜有真才实学者为师。"

第三章 习惯千差万别，人生天壤之别

试想，身为天下名士的水镜先生，谁不尊敬他呢？想不到如今竟受到学生的这般侮辱，气得浑身直打战，连唤庞统、徐庶："快将诸葛亮给我赶出去！"

然而，诸葛亮却拗着不走，庞统、徐庶经过一番死拉硬拽才将他架出庄外。三人一出水镜庄，诸葛亮随即哈哈大笑，庞统、徐庶这才恍然大悟，也跟着笑得前扑后倒。这时候，诸葛亮转身匆匆跑进庄里，跪倒在水镜先生面前，说道："冲撞恩师，罪该万死！"水镜先生一愣，猛然省悟，转怒为喜，扶起诸葛亮说道："你可以出师了。"

诸葛亮用激将法激怒了水镜先生，水镜先生一时没把握好情绪，上当了。

"冲动是魔鬼"，这的确是一句至理名言。然而，在实际生活中，我们往往都是在用自己的错误行动来验证着真理。

将来的你，一定会感谢现在拼命的自己

我们做事时，经常人一激动，头脑一热，不去斟酌后果，就将自己的想法付诸行动了。在一般情况下，从事自己未经思考的事情，思考面就显得比较狭窄，没有明辨能力，也没有应对能力，更不要说有敏锐的危机感，不会及时地悬崖勒马。

冲动的后果是什么呢？首先带来的就是后悔。毕竟人在冲动的情绪下做出的事几乎都是违背理性甚至违背自己美好意愿的，当结果发生的时候，常常伴随着追悔莫及和肝肠寸断，并且这种后悔可能是暂时的也可能是一生的，与事情对当事人的影响有着直接联系。冲动带来第二个负面影响就是使人情绪低落，意志消沉。很显然，冲动能让人精神处在亢奋当中，当这种不正常的亢奋结束之后，必然会带来情绪低落。另外，冲动的结果一般都是负面性的，这种负面的打击在内疚和后悔的"催化"作用下会无限扩大。

"冲动是魔鬼"，就是告诫我们，不要在冲动时决定事情，不要去做不熟悉的事情，无论是多么诱人。我们不能因为别人的成功，就盲目随大流。我们应该思考最适合自己的发展道路。

要搞清楚冲动念头与把握机遇的区别。

冲动念头是没有太多考虑的，而机遇的把握，我们可以用"守株待兔"来形象地说明，就是说，在行动前，头脑要有所准备。机遇就是兔子，我们要早早地守着那棵兔子最有可能撞到的树，等待着。在用经验和技术武装了我们的大脑后，看准"时机"，然后再适时地冲锋陷阵。

凡事要"三思而后行"。看到这个词，可能会有人不屑一顾，畏畏缩缩，这也怕那也怕，这也不行那也不行，能干成什么大事？但是，古往今来的成功人士都是勇谋兼备。把握机会与谨慎思考并不矛盾，好好地把握两者的关系，才会让事情有完美的结局。谨慎地思考一遍，事情会做得更完善；谨慎地思考两遍，事情会变得更接近完美。如果仅仅抓住机会就可以成功，那世界上就不会有那么多冲动的失败者了。

冲动是炸弹里的火药，冲动是一副手铐、一副脚镣，冲动是一颗吃不完的后悔药。生活中因冲动做事而受到惩罚的例子有很多，如果在遇事

时能保持冷静,有些事缓一缓再做决定,那么,很多悲剧都是可以避免的。

梦想高远固然重要,但脚踏实地地筹划,并在适当的时机付诸行动更为关键。让我们牢记"冲动是魔鬼",凡事要"三思而后行",不要让魔鬼靠近我们,毁坏我们的生活和事业。

金玉良言

假如生活欺骗了你,不要忧郁,也不要愤慨,不要冲动,不顺心的时候暂且容忍,相信吧,快乐的日子就会到来。

02 转变思维方式,找到新的出路

一个乞丐心满意足地躺在地上,在他前面有一根讨饭棍和一只破碗。

一天,在这个乞丐面前出现了一个穿戴整齐的年轻律师。律师对他说:"您好,您的一个远房亲戚不幸去世了,留下了3000万美元的遗产。根据我们的调查,您将是这笔财产的唯一继承人,所以请您在这份文件上签字,这笔遗产就将属于您了。"

将来的你，一定会感谢现在拼命的自己

一瞬间，一无所有的乞丐成了富翁。

有人问他："你得到这笔3000万美元的遗产后，最想干的是什么事？"

乞丐回答说："我首先得去买一只像样一点的碗，再去买一根漂亮的棍子，这样就可以像模像样地去要饭了。"

一个人要想赚钱，必须先有赚钱的点子；一个人要想变富有，必须有富人的思维方式。对于每一个人来说，改掉你的穷人思维，转成像富人那样去思考和生活，真是十分重要！

这个世界上，为什么有的人每天忙忙碌碌依然贫穷，而有些人每天轻轻松松却相当富有？也许有些人觉得这不公平，凭什么80%的人创造出的财富由20%的人掌控和支配？其实，富人之所以越来越富，穷人之所以越来越穷，归根结底是思维观念不同，看待问题的思路不同，必定会导致结果不同。

穷人与富人观念上最大的差别就在于对生活和金钱的态度：穷人为金钱而工作，富人让金钱为他工作；穷人理财要安全稳妥，不要冒风险，富人理财懂得如何规避风险；穷人追求的是那一点点微不足道的加薪，只要工作稳定了，便不害怕也不贪心了，富人很贪心，他们永不满足；穷人没有激情，总是按部就班，很难出大错，也绝不会做得最好，而富人有"燕雀安知鸿鹄之志！王侯将相宁有种乎！"的激情和信念。事实上，个人的资产总量并不是衡量贫富的标准。说自己是穷人的未必就真的穷得叮当响，说自己是富人的未必就一定就是家财万贯。正如今天的金钱不代表明天的富有一样，一时的贫穷并不意味着真的一生与财富无缘。

贫穷是一种思维，贫穷也是一种心态，不仅是金钱的缺乏，还有意识、毅力和行动上的缺乏。安于贫穷的生活造成了穷人的自傲、虚荣、懒惰和僵化。

穷人和富人的区别不仅表现在对待金钱的态度上，在交际方面，穷人与富人的思维也不一样。穷人喜欢走穷亲戚，他们排斥与富人交往，有的人有一种仇富心理，久而久之，这种心态成了穷人的心态，这种思维成为穷人的思维，这种做法成为穷人的生存模式。在一群穷朋友之间谈论着

打折商品,交流节约技巧,虽然有利于训练生存能力,但眼界也就局限于这样的琐事,年轻时的雄心壮志逐步被消磨掉了。而富人最喜欢结交那种对自己有帮助的朋友,能提升自己各种能力的朋友,对自己有用的朋友。

在时间安排上,穷人不觉得时间值钱,甚至有时不知怎么打发,怎么混才不烦,穷人会因为一斤白菜多花了一毛钱而气恼不已,却不为虚度一天而心疼。而富人无论以何种方式挣钱,都必须通过时间的积淀。

富人的脑袋一刻不停,穷人则不思考,他们手脚在忙,却不知道也该让大脑忙起来。

很多穷人都有过梦想,甚至有过机遇,有过行动,但最终没能坚持到底。是什么原因呢?一个人不成功,绝对不是父母、社会、时代造成的,而是自己造成的。因为没有养成成功的习惯,因为没有成功的信心,因为没有成功的思想。

其实,财富可能就在我们身边,就在我们自己身上。但如果你不懂改变自己的思维,不懂得在平凡的生活中去发现它,挖掘它,那么你有可能一辈子都是个穷人。

金玉良言

有理想的人能在逆境中看到希望,在黑暗中看到光明。因此,他的逆境只是过渡,黑暗也只是暂时的。

03 想象,办法总比困难多

一位政客,一位地质学家,一位诗人,三个人是好朋友,他们一同外出度假时遇到匪徒,并被追杀,唯一的逃生之路是要穿越一片人迹罕至的荒

将来的你，一定会感谢现在拼命的自己

漠。为了生存，他们一面提防后面追赶的匪徒，一面强忍着干渴和饥饿奔向沙漠。求生的欲望使他们熬过了最初的两天，但当他们停下来休息、面对一望无际的沙漠时，三个人有点绝望了，因为不知道还要走多久才能走出去。饥饿和疲劳他们还可以抵御，但没有水喝，使他们生还的希望越来越小，他们明显地感受到了死亡的威胁。

政客郑重地向两位朋友承诺说："如果这时候有人给我们送上一箱矿泉水，我回去后一定让他升官发财。"

地质学家冷静地说："在这荒芜的沙漠，连一个活的动物都找不到，哪里会有人？我们还是现实点吧，寻找水源！"根据多年的实地考察经验，他

果真在一块地面发现土壤相对比较潮湿，三人立即折断枯枝做工具，对着湿地不停地刨下去，但直到三个人筋疲力尽，也没有发现水源。

时间在慢慢地流逝，第三天早上，诗人醒来时天刚亮，面对着广袤的

荒漠,他实在无计可施,便开始想象:要是我们置身于一大片绿地该有多好啊!沐浴在阳光下,畅饮甜美的山泉,溪流静淌,树叶上的露珠被阳光折射成一颗颗晶莹剔透的珍珠……树叶上的露珠!诗人突然想起了什么,急忙向一棵树奔去。果然,树上还残留着一些露珠。他立刻叫醒同伴,高喊:"我们得救了!"他欢呼跳跃起来。

于是每日的后半夜,他们就想办法啜饮树叶上刚凝结还来不及蒸发掉的露珠。一个星期后,他们走出沙漠,而且身体完好,亲人们在为他们活着回来高兴的同时,都为他们竟能徒步穿越这片荒漠的行动感到十分的惊讶和不可思议。诗人挺胸抬头并自豪地对人们说:"我的想象力救了我们的命!"

其实,真正救了他们生命的是诗人的好心态。因为想象力每个人都有,但崇尚实际的人只看重事实,因此在心里不会给想象力留一席之地,也不会去刻意开发利用它。反而是充满了诗性与灵动的人,力争让想象力成为好心态的一部分。他们喜欢想象,在想象的空间里,他们可以预演自己的理想,品味快乐和满足,并且可能在生死攸关的时刻,使想象力成为救自己于绝境的生命之力。

所以,不管现实生活如何,我们都不应丧失对美好事物的想象,它是我们在面临困境时与之斗争的动力。

大概人类在想象中得到的最多,也失落得最多。那些浩气冲天的壮举,对今生来世的祈望,为营造价值宫殿的拼搏,甚至对生存和死亡的选择,几乎无不在反反复复的想象后再去实践。

"精骛八极,心游万仞""随心所欲,海阔天空,想所欲想",这充分体现了中国文化简约而丰厚的底蕴。无论你哲思怎样深奥,信仰怎样虔诚,崇拜怎样狂热,管束怎样专制,都无法阻挡人的想象。如果说世上还存在没有什么限制的事情,恐怕只有"想象"了。

既然生命是一段自然过程,它便自会有开头,自会有结尾,如何顺其自然地走完这个过程?要有思想、文化、艺术、信仰等伴随,而这些几乎都是在或深邃、或浅薄、或成熟、或幼稚的思维、想象后去实施完成的。于

将来的你，一定会感谢现在拼命的自己

是，想象便成了生活中嘹亮的号角，在生活中历经蜕变，人们一面接受心灵的炼狱，一面时时告诫自己前行的双脚，于想象中把握住现实生活的尺度。

有些人积极发挥他们的想象力，在别人认为没有希望的地方看到了大好的机会。如果我们想象自己在特殊的情况下发挥功效，其情况几乎就和我们的实际表现相同。所以，想象力十分重要，它可以引发你的成功潜能，这是你体内伟大的创造力潜能，可以使你获得生活上的成功。

1861年，被人们称为科幻小说之父的法国作家凡尔纳，曾在一部小说里描绘了这样的想象：美国的佛罗里达州将设立一个火箭发射站，火箭从这里发射，飞向人们心仪已久的月球，他还具体地描述了飞行员在宇宙飞船中失重的情景。

刚好过了100年，到1961年，美国真的在佛罗里达州发射了人类第一艘载人宇宙飞船，而且宇航员在太空的许多失重情景，竟和凡尔纳在想象中描写的一样。

不仅如此，直升机、雷达、导弹、坦克、电视机等，也都在凡尔纳的小说中有了雏形。

第二次世界大战初期，德国人制造的潜水艇，与凡尔纳小说中描绘的相差无几。

第一个把宇宙火箭送上天空的俄国科学家齐奥尔科夫斯基，也是从凡尔纳的小说《从地球到月球》里得到启示的。

凡尔纳所著的科幻小说，通过神奇无比的想象力，无与伦比的精确预示，100年来不知令多少人痴迷，而且还给许多科学家以启迪，为全人类的文明作出了巨大贡献。

德国哲学家席勒说："对有些人，想象是神通广大的天界女神；对有些人，想象却是奉献乳汁的奶牛。"你必须学会利用想象力，提升你的进取速度，以及增加你灵魂的欢乐，并带着这种预示成功的想象力向前迈进，步入构成美好生活的成就之中。

士之相知,温不增华,寒不改叶,能四时而不衰,历夷险而益固。

04 被需要,自己才重要

战国时期,有一个叫冯骥的人,穷得无法生活,听说孟尝君喜欢招揽门客,就去见他,孟尝君把他安排在传舍。住下不久,冯骥一边弹着佩剑一边唱道:"长剑啊,我们回去吧,没有鱼吃啊!"孟尝君听了,把他转到幸舍,他吃饭的时候就有鱼了。但他又唱道:"长剑啊,我们回去吧,出门没有车坐啊!"孟尝君听了把他转到代舍,他出门就有车子坐了。但冯骥又唱道:"长剑啊,我们回去吧,没有东西养活家人啊!"旁边的人都讨厌他,认为他如此之穷还不知满足。孟尝君问冯骥:"你还有什么亲人吗?"冯骥回答说:"还有一个老母亲。"于是,孟尝君派人给他的母亲送去粮食,并保证他家里不缺乏日用之物。从此,冯骥不再唱了。

有一次,孟尝君问这些门客,谁能替他到薛地收债,冯骥报名说他能。孟尝君把他请来相见,向他道歉说:"我由于事情很多,忙得整天很烦躁,得罪了先生,您不仅不见怪,反而愿意帮助我收取债务?"冯骥回答说愿意。冯骥在准备出发前问孟尝君:"如果收齐了债务,我买些什么东西回来呢?"孟尝君说:"看我们家里没有的东西,你就买吧。"

冯骥到了薛地以后,看到那些很贫穷以致不能还债的人,就把债契烧毁了。驾车直接回到齐国,清晨求见。孟尝君很奇怪他怎么回来得这么快,就穿好衣服来见他,说:"你回来得这么快,是怎么回事?买了什么东西回来?"冯骥回答说:"您的宫中堆满了金玉宝物,好狗、好马装满了狗、马厩,美妾成群,这些东西您都不缺,您缺少的是仁义,我为您买了仁义,宣扬了您的美名。"孟尝君拍着手连声道谢。

81

将来的你，一定会感谢现在拼命的自己

后来，孟尝君的声望越来越大。秦昭襄王听到齐国重用孟尝君，很担心，暗中打发人到齐国去散播谣言，说孟尝君收买民心，眼看就要当上齐王了。齐国国君听信这些话，认为孟尝君名声太大会威胁他的地位，决定收回孟尝君的相印。孟尝君被革了职，只好回到他的封地薛城去。

在距薛地100多里的路上，老百姓就扶老携幼地在道旁迎候。孟尝君对冯骥说："您为我买的仁义，我今天看见了。"

正是由于孟尝君有君子的胸怀和修养，所以对于冯骥提出的要求尽量满足，然后又支持冯骥烧毁债契的做法，赢得了好名声。

当别人有需要的时候，要尽全力帮助他。尽力帮助对自己有所求的人，让他们摆脱贫困，渡过难关，是高尚的品德，永远为人仰慕。

帮助，就是为他人提供服务。当你乐于助人的时候，你为别人做有用的事情，使情况得到改善。帮助，就是帮别人做他们自己做不到的事情，他们没有时间做的事情，或者只是一些使生活更加顺利的小事。

你也可以通过满足自己的需要来帮助自己。你可以做些事情来帮助自己的身体，如吃健康的食物，进行充足的睡眠和锻炼，或是穿冷暖适度的衣服。

你可能经常会感到无助，这就是向别人寻求帮助的好时机。

你有权得到帮助。

每一个事业有成的人，在成功的道路上，都曾经得到过别人的许多帮

助。因此,我们应该把帮助别人作为回报,这体现了公平规则。同时,我们也应该相信,帮助别人其实也是在帮助自己。

不论是做事,还是与人打交道,遇到别人有困难,需要帮助,你伸出援助之手帮了一把,往往会让人念念不忘,也许,在将来的某一天不经意间,你需要帮助的时候,他就会不请自到。见利忘义、"见死不救"都是极不道德的,很有可能因此阻断了自己正常的发展道路。只有人帮人,才能把事情顺利地办成,事业才能兴旺发达。

我们经常会需要别人的帮助,在我们学习新事物的时候,我们需要有人来指导我们;在我们做一项艰难的工作时,我们需要别人的力量或智慧;在我们遭遇困难,心情沮丧的时候,我们需要朋友来倾听。

当人们乐于助人的时候,他们就会相互关心,彼此减轻生活的负担,共同合作使工作完成得更加顺利。

当人们齐心协力、互相帮助的时候,就能完成伟大的事业。

那些看到别人有难,就巴不得躲得远远的、见利忘义的人,往往会被自己的这种思想和行为所害。要知道,人生活在世界上,不是一个绝对独立的个体,只有自己周边的朋友稳固了,自己才会有好日子过。今天你在别人困难的时候帮助了他,明天你有困难的时候他绝不会坐视不管,这是人与人之间交往的一个规则。

要想得到别人的友谊,自己就得先向别人表示友好。

05 小事全力以赴,人生处处出彩

有一位青年在美国某石油公司工作,他所干的活儿非常简单,连小孩

将来的你,一定会感谢现在拼命的自己

都能胜任,就是巡视并确认石油罐盖有没有自动焊接好。

石油罐在输送带上移动至旋转台上,焊接剂便自动滴下,沿着盖子旋转一周,作业就算结束。他每天如此,反复几百次地注视着这种作业,他觉得枯燥无味,厌烦极了。他想创业,可是又没有其他本事。偶然一次,他发现罐子旋转一次,焊接剂滴落 39 滴,焊接工作便结束了。他想,在这个流程中,有没有什么可以改善的地方呢?他突然想到,如果能将焊接剂减少一两滴,是不是能节省点成本?

于是,他下苦功钻研,终于研制出"37 滴型"焊接机。但是,利用这种机器焊接出来的石油罐有时会漏油,并不太理想。但他不灰心,又研制出"38 滴型"焊接机。这项发明非常完美,公司对他的评价很高,很快推广采用。虽然每罐节省的只是一滴焊接剂,但这"一滴"却给公司每年节省 5 亿美元。

这位青年就是后来掌控全美制油业 95% 份额的石油大王———约翰.D. 洛克菲勒。

人生的改变总是从小方面开始的，"改良焊接机"改变了洛克菲勒的人生。他成功的关键在于注意到普通人忽略掉的平凡小事，见别人所未见，做别人所不愿做，从而走在别人前面一步，竞争中也必然取胜。

对于很多人来说，工作中常常有许多简单、繁琐的小事。大量的工作也都是这些繁琐的小事的重复。面对这些小事，有的人会显得不屑一顾，他们会问："做好这些小事能有什么意义呢？这些事人人都会做，也人人都能做！"

但是，他们不知道，有时候，一个好思路往往就潜藏在工作、生活中的一些小事里，它不需要你多有知识、经验、能力，往往只是信手拈来的事，便成就了一桩大生意。

20 世纪 90 年代初，在美国路易斯安那州举行了一次盛大的世界博览会，与会的大多是科学家、发明家、企业家、商家，甚至很多小贩也蜂拥而至。

会场外面的小商贩们可谓应有尽有。在这些小贩的摊点上不仅摆放着种类繁多的小商品，有吃的、穿的、玩的、用的，并且价格便宜，极大地满足了与会者、参观者和旅游者的需求。让人想象不到的是，在这次世界博览会的会场外面的小贩中，就诞生了著名的冷饮食品：蛋卷冰淇淋。

是的，美味可口的蛋卷冰淇淋就是在这一年诞生的，而这个美味冷饮的诞生，只是源于一个小小的思路。

1904 年，在世界博览会的会场外面，聚集了很多的小贩。在他们之中，有一位糕点小贩出售自己制作的甜脆薄饼，并且这种甜饼很受欢迎。在这个小贩旁边，是一个卖冰淇淋的小贩。因为此时正处在炎热的夏天，所以冰淇淋卖得异常火爆。不一会儿，冰淇淋小贩从家中带来的盛放冰淇淋的小碟便不够用了。一些买冰淇淋的人都觉得很失望，焦急地站在一旁等待着。

甜脆饼的小贩也忙得不可开交。他见此情景，脑海中忽然闪起一个

将来的你，一定会感谢现在拼命的自己

念头，想出一个好主意。他把饼卷成锥形，递给卖冰淇淋的小贩临时做小碟子用。

裹着薄饼的冰淇淋味道既清爽，又很鲜美，非常受顾客的欢迎。从此，两个人开始合作。他们租了一间店铺，开始经营"蛋卷冰淇淋"，生意很好。此后，蛋卷冰淇淋在美国各地风行，又很快走向世界。

由于冷冰淇淋与热薄饼的巧妙结合，使蛋卷冰淇淋味道大异于别的热食和冷食，顾客品尝到另一种风味，因而受到了出乎意外的欢迎，被誉为"世界博览会的真正明星"，获得了前所未有的成功。

两个小贩的优势加起来，就等于一个绝妙的思路。其实，有时候带你走向成功的一个思路就在生活中的小事里。而要发现这个思路，重要的是要积极思考，不忽视生活、工作中的每一件小事、每一个细节。

老子曾说："天下难事，必做于易；天下大事，必做于细。"成功没有电梯，只有阶梯，需要一步一步往上爬。成功需要精业，而精业则是一个日积月累、持续不断的过程。一个人只有不轻视小事、不放弃工作中的每一个细节，才能练就用细节功夫衍变出来的绝招，才能架起通向成功的阶梯。

第一粒纽扣没扣准，整件衣服的纽扣就无法扣好。成功地迈出第一步，以后的路就会顺利一些。

06　不要让人左右你的人生

美国著名女演员索尼亚·斯米茨的童年是在加拿大渥太华郊外的一个奶牛场里度过的。当时她在农场附近的一所小学读书。有一天，她委

第三章 习惯千差万别，人生天壤之别

屈地哭着回家了。父亲问其原因，她断断续续地说："班里一个女生说我长得很丑，还说我跑步的姿势难看。"

父亲听后，微微一笑，然后开口说道："我能摸得着咱家的天花板。"

正在哭泣的索尼亚听后觉得很诧异，不知父亲想说什么，就反问："你说什么？"父亲又重复了一遍："我能摸得着咱家的天花板。"

索尼亚忘记了哭泣，仰头看看天花板。将近4米高的天花板，父亲能摸得到？她怎么也不相信。父亲笑笑，得意地说："不信吧？那你也别信那女孩的话，因为有些人说的并不是事实！"

就这样，索尼亚明白了，不能太在意别人说什么，要自己拿主意！

二十四五岁的时候，索尼亚已是个颇有名气的演员了。有一次，她要去参加一个集会，但经纪人告诉她，因为天气不好，只有很少人参加这次集会，会场的气氛有些冷淡。经纪人的意思是，索尼亚刚出名，应该把时间花在一些大型活动上，以增加名气。但索尼亚坚持要参加这个集会，因为她在报刊上承诺过要去参加，她说："我一定要兑现诺言。"结果，那次雨中集会，因为有了索尼亚的参加，广场上的人越来越多，她的名气和人气因此骤升。

后来，她又自己做主，离开加拿大去美国演戏，从而闻名全球。

很多人有这样一个习惯：非常在意别人说什么，很容易被别人影响。记住一句话：你的人生是你自己的，谁也不能代替你来过，不要让别人左

87

将来的你，一定会感谢现在拼命的自己

右你的大脑。成功者无一例外，他们喜欢自己拿主意，这并不是一意孤行，而是忠于自己，相信自己。

常言道："真理往往掌握在少数人手中。"但是在现实生活中，我们往往实行的是少数服从多数的原则。很少有人在众人的一致劝说下能够一直坚持自己的意见而不动摇，虽然到最后很有可能自己的意见是正确的，而大多数人的观点是错误的。

那些能够在众口一词的情况下，仍然相信自己的所思所想、所作所为，并且坚持到最后的人，一般都具有比别人更加强烈的自信。他们对所做的事情有独到的分析和深刻的见解，因而能够得出和别人不一样的结果来。

生活中，需要自己拿主意的事情有很多。人若是没有主见，在别人的指点中度日，不会成为自己的主人。不论做什么事情，都要勤于思考，自己拿主意，别人的意见只能作为参考。不为他人的意见所左右，不为世上的风雨所迷惑，要自己相信自己，要敢于自己拿主意，这是一个人获得事业成功，或者仅仅是能够取得进步的先决条件之一。只要是自己选定的目标，就不要再迟疑。认准目标，排除万难，坚定地前进。

无论他人是诋毁你还是赞赏你，无论他人是眷顾还是作践你，你生来就是为了胜利，要自己拿出勇气做决定。一个人要对自己负责，对自己的生活负责，所以在生活中的每件事情上，我们都要有自己的主见，要能够虚心听取别人的意见，但更应该能够为自己的事情作出最终的决定。你认为对的事情要坚持，这才是对自己负责的表现。

金玉良言

对于自己的行动，不要后悔，更不要过于在意，人生的一切行动都是试验。试验的次数越多，对我们越有利。

07　机会，由自己创造

相传，大英图书馆老馆年久失修，重又选址建了一个新图书馆。新馆落成后，要把老馆的书搬到新馆去。这本来是搬家公司的活儿，没什么好策划的，把书装上车，拉走，摆放到新馆即可。问题是按预算做完这项工作需要 350 万英镑，可是图书馆没有这么多钱。怎么办？馆长一筹莫展。

正当馆长苦恼之时，一个馆员询问原因。馆长就把情况说了一下。几天之后，馆员找到馆长，说他有一个解决方案，不过仍然需要 150 万英镑。馆长十分高兴，因为图书馆可以拿出这个数目的钱来。

"快说说，有什么好办法？"馆长很着急。

馆员说："好主意也是商品，我有一个条件。"

"什么条件？"馆长更着急了。

"如果把 150 万全花没了，那权当我给图书馆做贡献了；如果有剩余，图书馆要把剩余的钱给我。"

"这没问题。150 万以内剩余的钱都给你，我马上就能做主！"馆长坚定地说。

"那咱们签个合同？"馆员意识到发财机会来了。

合同签订了，不久实施了馆员的搬家方案。150 万英镑连零头都没用完，就把旧馆的书都搬到新馆了。

原来，图书馆在报纸上刊登了一条惊人的消息：

"从即日起，市民可以向大英图书馆免费、无限量借阅图书，条件是从老馆借出，还到新馆去。"爱读书的市民纷纷来旧馆借书，读完后又把新书还到新馆。

最聪明的人并不是样样都会做的人，而是有一个想法，可以驱动别人去做。因此，你的大脑中就应该把可以调用的资源筛选一遍，找出最合用

将来的你，一定会感谢现在拼命的自己

的那些，来解决难题。

在这个时代，对于想取得成功的人来说，不仅仅需要个体的努力，而且需要知识的高度集结来作为成功的基石。因此，你越是善于从群体中求知，越是不断地开拓新的求知领域，你就越是有益于人与人之间的优势互补，你的智能结构就越完美，越富有应变能力，进而越能够应付变化繁复的社会发展和科学技术的发展。

"君子善假于物"，精明的人善于用人。当你两手空空，又想成就一番大业时，不妨借助他人之力为我所用，这已成为古今中外企业经营者走向成功的策略之一。"巧为无米之炊"，就是企业经营者巧妙地利用各种条件来发展自己，壮大自己，借别人的力量完成自己的心愿，达到自己的目的。

若论起专业知识和智商来，很多成功的企业经营者或者明智的生意

人并不比他们的员工和下属聪明多少。但是他们之所以成功,最大的原因在于善于利用自己团队成员的聪明和智慧。他们会激发团队中的每个人发挥出其他成员不能拥有的才能,并指导他们,让他们理解团队的任务,清楚团队的目标,并且引导他们朝着这个方向努力。这种管理之下的团队会更加富有创造性,爆发出工作热情和干劲。

台湾巨富陈永泰说过:"聪明人都是通过别人的力量,去达成自己的目标的。"

一个人大部分的成就总是承蒙他人所赐:他人常在无形之中将希望、鼓励、辅助投入我们的生命中,从而激活我们的精神世界,使我们的各种能力趋于锐利。

一个人力量有多大,不在于他能举起多重的石头,而在于他能获得多少人的帮助。一幅名画中最伟大的东西,不在于画布上的色彩、影子或格式,而是在这一切背后的画家的人格中——那黏着在他的生命中,那为他们所传袭、所经历的一切的总和所构成的一种伟大的力量!

读过《圣经》的人都知道,摩西算是世界上最早的教导者之一。他懂得一个道理:一个人只要得到其他人的帮助,就可以做成更多的事情。巧妙地运用他人的力量,可以以少胜多,省力高效,事半功倍,使事业由无到有,由小变大,由弱变强,迅速发展壮大。

金玉良言

个人的优秀并不是最大的优秀,善于借助他人力量的人,才是最优秀的,才能在事业上更上一层楼。

08 战胜自我,让生命之舟远航

一个小和尚为了让寺里的伙食更丰盛,每天从树林里采来许多香菇。

将来的你，一定会感谢现在拼命的自己

湿的香菇不易保存，要摊在地上晒干再收藏。一天，他正在太阳底下曝晒采回来的香菇，师父走了过来。

"晒干之后，装进袋子。"师父说。

"知道了。"小和尚边干活儿边应答着，心里觉得师父过于操心了。

一连几天都是阳光明媚，香菇干得很快。小和尚正在装袋时，师父又来了。

"不要全装进一个大袋。多分几个小袋子，封紧了，别透气！"师父叮嘱道。

"知道了！"小和尚带着几分不耐烦的口气答道，心想，师父真是管得太多了。但他还是按照师父的话去做，没有半点怨言。

野生的香菇特别香，炒青菜时放进几个，滋味别提多好了，到院里用斋的施主和其他的师兄师弟无不称赞。

第一包香菇用完了，小和尚打开了第二包，发现香菇里长满了小虫，不能吃了！他很着急，赶快向师父报告。

"别急。你先把这包扔掉，打开别的包看一看，这包不能吃，别的包说不定能吃。"师父说。

小和尚紧张地打开那些包，高兴地笑了。

"这回你知道我为什么让你分开密封了吧。"师父摸着小和尚的头说，"你以为画板是保护画的，岂知板子也伤了画；你以为袋子是防外面的

虫咬香菇,岂知香菇里原来就可能有虫。于是那保护它不受外界侵犯的,反过来保护了外界,不受它侵犯。"师父接着语重心长地说:"我们总怕别人会害自己,其实害自己的不一定是别人,也许是自己!我们应该能常常理清自己的心虫,别让它偷偷啃食我们的心,或飞出去伤害别人。"

一个人生活在世上,要面对的人有很多,亲人、朋友、敌人……在对外界事物应对自如的时候,我们往往忽略了一个最重要的对手——自己。于是有了这样一个难题:有人能轻易打败敌人,却不能战胜自己。

当我们用警惕的眼神去注视别人,用猜疑的想法去怀疑别人,用谨慎的行动去处理事情时,我们的确能很好地保护自己,但有时仍旧会受到伤害。如果排除一切外界因素,还找不到受伤根源时,那伤害你的可能就是你自己。

人生中每个人都难免遇到各种问题。当你遇到问题时,一定要积极地思考,要战胜自己,驱除心魔,只有这样才能不断地向目标迈进。

大作家罗曼·罗兰说:"最强的对手,不一定是别人,而可能是我们自己;在征服世界之前,先得战胜自己。"只有我们对自己有了一颗宽容的心,才能够宽容别人,容忍别人。

人最大的对手就是自己,病痛是自己的对手,烦恼也是自己的对手,自己更是自己的对手。病痛既然是对手,就要治疗它,甚至"与病为友";烦恼是对手,也要面对它,更要"转烦恼为菩提";自己也是对手,更要面对,力求战胜自己,征服自己。

在生活和工作中,不免遇到困难和挫折,会给我们的进步带来阻力,我们需要努力克服它们,但有一种阻力更加难以解决,这就是我们自己。成功就要有战胜自己的胆魄和能力。高尔基说过:"最伟大的胜利——战胜自己。"的确,一个人就是在不断战胜自己的过程中成长的。

人自身有些不足是正常的,其中有些人因此而自暴自弃,最终被竞争所淘汰。但有些人完全不同,他们把这些不足变成自身的特点,从而克服困难,独辟蹊径,他们在征服世界之前,先战胜了自己,为以后的成功做了充足的准备。

将来的你，一定会感谢现在拼命的自己

有一位作家这样写道："有些人在人生道路上跌倒时，他们只会把自己埋在香烟里，泡在烈酒里。他们认为，这样他们的心就可以不痛。这非但丝毫不能带走他们的悲痛，反而像一把匕首，刺进他们的心脏。"他们放弃了机遇，放弃了挑战，也放弃了自己，因为他们太在意曾经的失败和痛苦。其实，失败并不可怕，可怕的是你永远战胜不了自己。

人只有真正地认识自我、相信自我，才会把命运当做自己的对手，并以这样的对手来证明自己的力量。相信命运的人，常常会把命运当成救命稻草，因为他觉得自己可怜，而结果呢？完全是迥然不同的结局。相信自己而不相信命运的人，奋发图强，兢兢业业，定会大有作为。反过来，相信一切都是命运安排而不相信自己的人，就会故步自封，悲天悯人，一事无成。

战胜自己才能激发生命的活力，无论是健全的身体，还是残缺的臂膀，无论是优越的条件，还是困窘的环境，我们都要有战胜自己的决心。战胜自己，就是迈向成功大道的前奏，也是走向光明前途的基础。

金玉良言

失败是什么？失败只是更走近成功一步；成功是什么？就是走过了所有通向失败的路，只剩下一条路，那就是成功的路。

09 抓紧生命的每一分钟

曾看到过这样一个关于时间的计算：假如一个人能活80岁，每天睡觉8个小时，一生将有233 600个小时用在睡觉上，大约是9 733天，合26年7个月，那么这个人还剩下53年零5个月的时间做其他的事情。

假设每天吃早、午饭各用去30分钟，吃晚饭用1个小时，这样每天用

于吃饭的时间就是 2 个小时,80 年间将在吃饭上用掉 58 400 个小时,合 2433 天,相当于 6 年零 8 个月,那么还剩下 46 年零 9 个月。假设每天用于个人卫生的时间是 1 个小时,80 年又将用掉 3 年零 4 个月,这样还剩下 43 年零 5 个月的时间。再减去每天用于休闲、娱乐的时间是 3 个小时,80 年将用掉 87 600 个小时,也就是 10 年的时间。那么还剩下 33 年零 5 个月的时间。再假设他每天在上班途中以及购物上用的时间为 3 个小时,80 年就是 10 年,这样只剩下了 23 年零 5 个月的时间了。再减去每年用在旅游、度假、生病等事情上的时间为 15 天,那么 80 年就是 1 200 天,也就是 3 年零 3 个月,这样还剩下 20 年零 2 个月。一个寿命 80 岁的人,大约只有 20 年零 2 个月的时间用来工作。

经过这样的计算,我们对生命的短暂有了更深的了解。然而许多人并未意识到,更没有好好地珍惜这短短的几十年。经常听到许多人抱怨时间不够用,然而却不懂得珍惜时间,不懂得利用这一去不复返的资源。如果一个人把握好了生命的每一分钟,也就把握了自己的未来。

一个珍惜时间的人,必定是一个成功之人。反之,一个轻视、疏忽时间的人,是很难取得高于别人的成就的。

时间对每个人来说都是一笔无形的财富,它是公平的,又是不公平的。对待时间的方式,可以决定我们的命运,并且显示巨大的不同。我们的手中,握着的可能是失败的种子,也可能是成功的无限潜能,这需要自己选择。

大家都知道电话是贝尔发明的,其实还有一个人也发明了电话,他就是格林。他们两人在同一时间发明了电话,但不同的是,格林在发明了电话之后,忙着庆功。而贝尔却在第一时间到专利局申请注册,当格林庆功之后去注册的时候,贝尔已经捷足先登了,仅仅因为格林耽误了一天的时间而造成了两种截然不同的结果。这是格林轻视、疏忽时间带来的无法挽回的损失,这让他追悔莫及,后悔终生。

通常,在人们的时间观念中,也许会认为一分钟很短暂,耽误一分钟,没有什么了不起。一分钟,看起来是微不足道,可是事实上,一分钟可以

将来的你,一定会感谢现在拼命的自己

让我们做许多事。一分钟,可以握紧他人之手,赢得一个新朋友;一分钟,可以鼓励一个人,让他选择重新生活;一分钟,可以用来静静地倾听,或者歌唱;一分钟,可以改变一个人的命运,也可以挽救一个人的生命……一分钟转瞬即逝,它不可替代,不可保留。如果你能够重视这一分钟,抓紧这一分钟,不管你在这一分钟里做了些什么,只要是自己计划内的,那么这一分钟就属于你。反之,你无视这一分钟,放弃了一分钟,你将永远失去这一分钟。

成功的人珍惜每分每秒,成就辉煌。而失败的人,消磨时间,当他们回过头之后,才发现时间如流水,一去不复返,但为时过晚,因为时间不等人。时间给勤劳者留下串串果实,却给懒惰者空留一头白发。

对于一个人来说,时间就是生命。时间有限,当失去它时,生命也走到了尽头。有些人一生都在不断完成那些有意义的事,那么他的价值就

在事业上体现出来了。只有做的事越多,做的越好,生命的价值就越大。只有懂得珍惜每一分钟,善于利用每一分钟的人,才会在自己所在的领域中有所建树。

时间,纵之即短,珍惜则长。倘若自认为时间漫长而虚度,必将一事无成,美好年华便会虚耗,如果能珍惜每一分每一秒,合理利用时间,短暂的时间也能发挥出最大的作用。

有人说:"要把每一分钟都当成最后一分钟。"我们要学会珍惜生活,珍惜时间,珍惜每一分钟,让生活之钟记录你度过的每一分钟!

金玉良言

许多人将希望寄托在明天、下个月,甚至十年后,却不肯努力耕耘今天。

10 愉悦的内心,成就强大的人生

杂志作家卡梅龙·西普被提升为华纳公司宣传部副主任,一下子承担了许多繁重的任务,他身体逐渐有些吃不消。不到一个月,他就觉得自己患了胃溃疡,甚至怀疑得了癌症。

他害怕开会,每次开完会,总是觉得很不舒服,不得不在半路上停车,让自己振作起来。他已经无法愉快地胜任他的工作了。因为精神负担过重,常常失眠,体重日趋减轻,人也变得越来越憔悴。后来,他去求助于一位知名内科医生,医生给他做了很多检查,告诉他,他并没有得癌症。并且对他说:"你花了不少钱,但是很值得,我开给你的处方是:不要烦恼。"医生继续说道:"我知道你不可能即刻做得到,所以我先给你开些药吃。这些药丸是无害的,你要吃多少都没问题,吃完再来找我,它对你没有任

将来的你，一定会感谢现在拼命的自己

何害处，只是起到令你放松自己的作用。"

"但是请你记住：其实你不需服药，你只要不再自寻烦恼就可以了。"

"如果你又开始烦恼，就回来找我，我再收你一大笔费用，如何？"

开始的几个礼拜，每当他觉得心烦时，就吃下几颗药丸，好像立刻就觉得好些了。

可是吃药是件很难堪的事。他的体形庞大，起码有200磅体重，却需服用这些小药丸来放松自己。他觉得自己的行为就像歇斯底里的妇人。朋友问他服用什么药时，他实在羞于启齿。慢慢地，他开始嘲笑自己，告诉自己："卡梅龙·西普，你真像个傻瓜，你把自己捧得太高了，把自己那小小的事业看得过于重要了……如果你今天突然去世，华纳公司及它旗下的明星一定还是过得好好的。看看艾森豪威尔、马歇尔、麦克阿瑟，他们主持全球的作战，都不用靠药丸。你只不过是制片厂公关的暂时委员会主席，就得靠药物来控制自己的胃病！"

他开始不吃药丸，一点点恢复自尊。不久之后，他丢掉药丸，每天晚上回家后，在晚餐前先小睡片刻，很快，他就恢复了正常生活，再也不用回去找那位医生了。

世上没有什么值得操心的事，那些小小的药丸也不过是一种精神作用，治愈病症的不是药丸，而是心理上的转变。

爱默生曾经说："健康是人生第一财富。"保持健康与获得成功是不

矛盾的，因为拥有健康的身体本身就是一种成功。一个真正的成功者，应该是一个身心健康的成功者。

很多人经常抱怨，过量的工作和压力让他们喘不过气来。其实，他们之所以有这种感觉，是因为自己给自己增加了许多不必要的思想负担，破坏了自己的情绪，将时间浪费在了并不重要甚至毫无意义的事情上。

事实上，真正的健康和真正的成功是并肩而行、相互促进的，健康成就了成功，成功反过来会促进健康。只要你能以积极的态度去工作，放下焦虑、恐惧、嫉妒、厌烦、仇恨等不健康的包袱，协调好工作和休息的关系，你就能够保持健康。

正确积极的态度，不仅是工作、学习和生活的必要条件，也是保持健康的首要因素。消极的态度产生消极的情绪，从而导致心理抑郁，而心理抑郁往往是身体疾病的诱因。

相信自己能够健康长寿，相信自己的身体会越来越好，保持自身心灵的洁净，学会自己给自己减压，不断鼓励自己，肯定而不要猜疑自己的健康状况。曾任美国精神治疗协会会长的卡特博士在谈到一个人的肯定态度对其健康的影响时，甚至反对人们持有类似于"我不会生病"的想法。因为他认为这只是"半积极"的态度，并可能产生一定的消极影响。应该保持更加肯定的心态，"我今天感觉比昨天好，我很健康"，要用这样类似最积极的语言来鼓励自己，这样将会对自己的健康起到积极的暗示和引导作用。卡特博士表示："肯定的态度对人健康的积极作用是有科学依据的，并不是什么神秘的东西。这些作用机理可用生物学、医学、心理学、化学等知识来解释。"所以说，如果你能保持积极的态度，你的心情就会变得轻松愉快，你就会觉得精力充沛，而你也就有能力去锻炼和保证自己的健康。

如果你想做一个有志成功的人，就必须摒除一切足以摧残你的活力、阻碍你的前程、浪费你的精力、折损你生命资本的东西。因为健康与成功关系非常密切，人的每一种能力、每一种精神机能的充分发挥，与人的整个生命效率的增加，都有赖于健康。

将来的你,一定会感谢现在拼命的自己

　　健康的身体需要健康的思想、健康的态度来支撑,只有一个人的思想变得年轻、上进、充满活力,对待生活的态度更加积极,他的身体才能保持健康。你可能听到或看到过很多依靠积极的心态战胜病魔的奇迹,很多人凭借顽强的毅力创造生命的奇迹,这些都是积极的思想和态度作用于身体、生命的真实事例。

　　有了健康的思想,自然而然就有了一个良好的精神状态,精神的力量会增强人们的免疫力,会造就健康的身体,造就健康的生命,这样才能让自己成为一个真正的身心健康的成功人士。

　　心态改变,态度跟着改变;态度改变,习惯跟着改变;习惯改变,性格跟着改变;性格改变,人生就跟着改变。

第四章

有过则改,自己才会出色

●人之所以犯错误,不是因为他们不懂,而是因为他们自以为什么都懂。

●如果在向别人咆哮之后,说声"对不起,请原谅,我脾气不好。"这也并不是什么明智之举。为什么不努力去控制自己的情绪,反而要别人努力地去宽容你?

将来的你，一定会感谢现在拼命的自己

01　拆掉思维的墙，创造无极限

阿西莫夫是美籍俄国人，世界著名科普作家，他从小就很聪明，年轻时多次参加"智商测试"，得分总在160左右，属于"天赋极高"的人。

有一次，阿西莫夫遇到一位汽车修理工，是他的老熟人。修理工对阿西莫夫说："嗨，博士，我来考考你的智力，出一道思考题，看你能不能回答正确。"

阿西莫夫点点头。

修理工开始说道："有一位聋哑人，想买几根钉子，就来到五金商店，

对售货员做了这样一个手势：左手食指立在柜台上，右手握拳做出敲击的样子。售货员见状，先给他拿来一把锤子。聋哑人摇摇头。于是售货员

明白了,他想买的是钉子。聋哑人刚走,接着又进来一位盲人,这位盲人想买一把剪刀,请问:盲人将会怎样做?"

阿西莫夫顺口答道:"盲人肯定会这样——"他伸出食指和中指,做出剪刀的形状。

听了阿西莫夫的回答,修理工开心地笑起来:"哈哈,答错了吧!盲人买剪刀,只需要开口说'我买剪刀'就行了,他干吗要做手势呀?"

阿西莫夫只得承认自己的回答很愚蠢。

智商再高的人也会答错问题。我们要比的不是智商,而是看问题的方式。不要让大脑僵化地思考,而是跳出惯性的思维方式,看到崭新便捷的方法。

很多时候,我们对自己的创造能力没有完全的信心,认为有创造力或没有创造力是天生的,后天努力是于事无补的。

这种观念经过证实是完全错误的。美国一些大学和工业界举办的课题显示,创造力可以培养。例如布法罗大学有过一个研究计划,把选修用创造性思维解决问题课程的研究生,与未选这种课程的研究生分成两组加以测验。结果显示,选课的一组在产生新颖主意的能力方面平均比另一组强94%。

用创造性思维解决问题的课程开始时通常是一些促使心智灵活的练习,例如,老师可能问:"你怎么安排5个9,使它们加起来等于1000?"经过5分钟默默思考之后,每10个人中大概会有一个可以得到正确答案。

一块石头,你能想出多少种用途?初学的人一般在5分钟内可以想到6到8种用途,包括铺路、攻击和压东西。在修完课程中"实践创造性思考"的原则和技巧以后,他们想到的用途平均是15到20种,包括抵挡洪水、充当磨石等。

研究创造力的著名学者欧士朋所著的《想象力的应用》一书,是多数创造性思考课程所用的教材,书中阐述了提高创造能力的几条原则,其中有这样三条:

1. 清楚认定问题

将来的你，一定会感谢现在拼命的自己

这听起来似乎很简单，但是即使表面很简单的问题，也未必能回答得很明确。一个年轻母亲问老师："怎么才能使我的儿子早餐时高兴地吃鸡蛋呢？"老师反问："你为什么要让他吃鸡蛋？"母亲回答说："因为鸡蛋富于有助身体发育的蛋白质。"因此如果说得正确点，问题就变成：怎样才能帮助孩子得到足够的蛋白质？不久以后，这位年轻母亲的孩子，就不必为吃鸡蛋发愁了，因为早餐改成了他最喜欢的食物牛肉饼了。

2. 考虑一切可能的解决方法

明智的决定来自于许多可行方案的抉择。你如果希望有一大堆建议，就要尽量减少批评。"绞脑汁"会议就是一个很好的方法。包括十几个到二十几个人对一个特定的问题尽可能提出解决方法，越多越好。一个人的思想会激发另一个人的思想，所以一次主持有力的简短"绞脑汁"，可以产生数量惊人的妙主意。一项严格的规则就是必须暂停一切批评，不要讥笑别人的主意。

例如，一群人面临的问题是：一枚水雷已经漂近一艘下锚的驱逐舰，近得来不及发动引擎逃避，请问有什么办法可以挽救驱逐舰？提出一大堆建议之后，有人开玩笑说："让大家到甲板上去，合力把水雷吹走！"这个显然不切实际，但它却启发了另一个与会者的想法："搬水管来冲，把它冲走。"而这个办法就是在某次战争中一艘驱逐舰真的碰到这种险境时船员采用的办法。

3. 搁置问题

可能有些问题无论我们如何努力，也是徒劳，始终找不到解决的办法。这时最好暂时把问题转交给潜意识，我们大脑中非常复杂但也非常先进的"计算机"会在潜意识里进行神秘的计算。然后有一天，一星期或者更长的时间，在某个特定时刻一个意想不到的答案会突然出现在脑海中。

如果你碰到一个问题，先要仔细想个透彻，直到你能够清楚地说明它到底是什么问题。然后独立或利用家人、朋友、同事的帮助找出解决问题的一切可行办法，暂时不作评判。写下你所有的主意，隔一两天之后，挑出最好的主意，你也许就能得到自己想要找寻的答案了。

第四章 有过则改，自己才会出色

金玉良言

你要坚信，只有想不到的事，没有做不成的事。

02 跨越雷池一步，绽放新的光彩

一次，一艘远洋海轮不幸触礁，沉没在汪洋大海里，船上的九位船员拼死登上一座孤岛，才得以幸存下来。

接下来，他们所面临的情形更加糟糕，岛上除了石头以外，没有任何可以用来充饥的东西。更为要命的是，在烈日的曝晒下，每个人口都渴得冒烟，水成为最珍贵的东西。尽管四周是水——海水，可谁都知道，海水又苦又涩又咸，根本不能用来解渴。现在，九个人唯一的生存希望是老天爷下雨或能够有一艘过往船只发现他们。

他们焦急地等待着，却没有任何下雨的迹象，也没有任何船只经过。渐渐地，九个幸存下来的船员支撑不下去了，有八名相继渴死在孤岛上。

当最后一位船员快要渴死时，他实在忍受不住地扑进海水里"咕嘟咕嘟"地喝了一肚子。船员喝完海水，一点儿也觉不出海水的苦涩味，相反

将来的你，一定会感谢现在拼命的自己

觉得这海水非常甘甜、解渴。他想：也许这是自己渴死前的幻觉吧！便静静地躺在岛上，等着死神的降临。

他睡了一觉，醒来后发现自己还活着，船员非常兴奋。于是每天靠喝海水度日，最终等来了救援的船只。

后来，人们化验这水时得知，这儿有地下泉水不断翻涌出来，所以这里的"海水"实际上全是可口的泉水。

海水是咸的，根本不能饮用，这是人人都知道的基本常识，八名船员也因此渴死了。看完这个故事，我们不禁要思考：是"环境"害死了他们，还是"经验"把他们送进了坟墓？斯蒂克说："敢于突破'经验'，常常会使你绝处逢生。"可见，要好好地利用经验，而不是受它们的束缚。

生活中有些人往往很注重经验，他们在自我创造或者别人总结的经验中自我限制，其实，生活中打破计划的小意外时时都在发生。

比如，你现在要驾车去参加某个朋友的聚会，按照以往的经验，你只需要半小时即可到达，所以你要求你的朋友半小时之后准时到酒店门口接你。但这一次，你却花了整整一个下午，因为在半路上发生了意外，于是，原来的计划不得不推迟，更为糟糕的是，你违背了对朋友许下的诺言。

一系列的原因改变了你既定的全部计划，你一定会为这种计划外的小意外而感到很懊恼。事实上，你需要改变一下原有的观念，不要一味遵循任何经验，事态不会按照固有的模式去发展，你只需要保持灵活的嗅觉，防止有害的意外的发生。

种种经验随时间的沉淀，会演变成一种定式、枷锁，阻碍人们的突破和超越。生活中，经验的禁锢所产生的连锁效应绝不仅止于此，我们要做的工作就是打破一切经验，只有敢于超越，才能赢得创造。

经验只是一种大众化、普通化、极有可能化的趋势。我们没必要一定去遵守，或者是过于信赖，就如同一个人，看到有一只兔子撞死在树上，就成天坐在树下等待第二只兔子来撞树一样荒唐可笑。

尽管"意外"是一个让人感到恐惧的词，但意外每时每刻都在我们周围或者我们身上发生着。谁也不想发生车祸，谁也不想得病，但每天因车祸和疾病死亡的人成千上万。当然，意外也可能使一件发明创造变成可

第四章 有过则改,自己才会出色

能。当我们知道这世界上存在着这样那样的意外时,我们的计划和行为就不能沿着一条路线,我们的思想就不能围绕在一个方框里。不要让经验限制了我们的思想,不要让经验扼杀了我们的创造力。

翻开人类历史看一看,几乎没有哪一次伟大的发明创造是纯粹的基于经验,更多的倒是基于一种意外发现。如果居里夫人总是一心一意地炼沥青,就不会有发现镭的意外,那么今天不会有那么多的放射性元素问世。

可是,生活中总有一些人习惯于遵循老传统,恪守老经验,宁愿平平淡淡地做事,安安稳稳地生活,天天从事别人为他们安排好的重复性劳动,不敢有一丝"出格"行为,对那些未知的东西更是心中充满了畏惧。他们没有创造力,不懂得创造性地完成任务,因此,也就不可能将工作做到卓越。

我们不能让既有的经验束缚了自己的思想和眼睛。在做事情的时候,要改变以往的思路,学会把眼光停留在少而珍贵的"意外"上,而不是固守老经验,因为再好的经验也会成为过去。

经验告诉我们的只是过去成功的过程,而不是未来如何成功。具有创新思维的人不愿死守经验,不愿盲从他人,有自己独立的见解,思想开放,别出心裁,只有这样的人,才能创造出好成绩。

要采用一种全新的方法,走一条全新的道路。尝试为创新思维开辟一片发展空间,在这片自由的天空下,将创造力发挥到极致,取得生活与事业的双赢。

人生最大的价值,不是尽量不为外界所左右,而是尽量左右它们。

将来的你，一定会感谢现在拼命的自己

03　打破常规，人生不设限

有一家大型洗涤用品公司,生产的香皂十分畅销。但是,一次意外的"空壳事件"使公司面临危机。

事情是这样的:一位顾客在商场购买了这家公司生产的香皂后,回家打开包装,却发现里面什么也没有。顾客很生气,把商场告上了法院,商场又找到了这家生产公司来承担责任。

公司总裁组织全体员工把包装好的产品拆开检查,发现空壳率为千分之一。为了避免这类事件再度发生,公司花费数十万美元购置了一台X光机,用医学上的透视技术,检查成品。从此,"空壳"问题圆满解决。

同城的另一家小型洗涤用品公司也生产香皂,同样存在"空壳问题"。由于公司小,资金有限,买 X 光机是不可能。董事长号召全体员工想办法,但没有一个人提出行之有效的办法。

　　董事长非常苦恼,一个人走到郊外散心。此时秋意正浓,秋风从山谷袭来,把落叶吹落山下,吹到另一个山谷里。看到这一幕,董事长的脑海里立刻闪现出一个奇妙的点子。他立即赶回公司,让手下买了一台大功率的电扇,所有成品香皂一律经过电风扇的猛吹,空壳的自然被吹出流水线,不空的则进入最后一道外壳塑封工序。

　　数学题求解过程中,可以运用不同的运算,有的复杂,有的简单;工作中的问题也一样,可以找到不同的解决办法,有的困难,有的容易。智慧可以帮你把容易的方法找出来,达到同样的结果,却是省钱省时省力。

　　这是一个充满哲理的小故事,从这个故事中,我们不难看出,智慧对人是多么的重要,人要想有所成就就必须拥有智慧。

　　关于"什么是智慧"这个问题,用抽象的词语去描述、去解释远远不能达到令人满意的结果,因为人们对智慧的理解是多方面多角度的。

　　多数想要成功、想要实现种种梦想的人,都有着执著和贪恋的心态。但是,有智慧的人会在追求的过程中注重"当下"的感受,品味生活的真相,看破生活的实质,顺着自己内心的指引,采取公正合理的手段,一步一个脚印向着目标前进;而没有智慧的人会在追求的过程中饱受痛苦的煎熬,心态起起落落、浮浮沉沉,有成绩时担忧恐惧,没成绩时颓废悲观,没有豁达和智慧的心胸去容纳生活的苦辣酸甜,遇到困境不能坦然处之。可见,两种精神境界在追求的道路上会得到两种不同的感受,譬如两个爬山的人,目标相同、道路相同、风景相同,唯有心态不同,感受就截然不同了。

　　拥有知识并不就等于拥有智慧。在犹太人的社会里,他们认为,知识是为磨炼智慧而存在的。假如只是收集很多知识而不能消化,就等于徒然堆积许多书本而不用,同样是一种浪费。

　　所以说,拥有知识不是目的,拥有智慧才是人类存在和发展所必需

将来的你，一定会感谢现在拼命的自己

的。每个人都具有一个同样的本性，所以每个人都可以成为有智慧的人。在智慧的前提下去生活，才会离目标越来越近，才会任何时候都快乐怡然，才不会怨天尤人、愤恨懊恼。

智慧是创造文化、获得幸福的原动力。

04 行动，该出手时就出手

一个人要到某地去，路程很近。正因如此，这个人并不着急，迟迟不动身。

"什么时候想走，一抬腿就到了。"他安慰自己。

他每天要喝功夫茶，要打麻将牌；要看电视，要听音乐；要吃饭，要睡觉。总而言之，要做的事情太多太多，他太忙太忙。

他没有忘记自己还要赶路。可是真到下决心要走时，就又安慰自己："反正一抬腿就到了，喝足了茶、吃饱了饭再去也不晚。""反正一抬腿就到了，过

过牌瘾再去也不晚。""反正一抬腿就到了,看会儿电视再去也不晚……"

路程的确很近,但他始终没能到达目的地。他一再地为自己的拖延找借口,迟迟不行动,所以他永远也不会到达他要去的地方。

许多人都想努力,做好自己的工作,提高办事效率,取得一定的成就。可是,当你在前进的过程中,突然有一天,一个"妖魔"跳出来纠缠着你,使你停止了前进的脚步。如果此时你不把它从你身上赶走的话,你所做的努力将会付诸东流,你会身不由己地退回到以前平庸的水平上,从此一生碌碌无为。这个妖魔的名字就叫"拖延"。

拖延是一种极其有害的恶习,更是成功的大敌。鲁迅先生说过:"耽误他人的时间等于图财害命,那么自我拖延时间无异于慢性自杀。"

几乎所有的人都与拖延这个妖魔交过手,有人胜利了,工作效率越来越高;有人失败了,沦为拖延的奴隶,结果就像多米诺骨牌一样,一张牌倒下,引发身上高效做事的一些良好的习惯跟着轰然倒下,使自己与成功无缘。

造成拖延恶习的原因有很多:

1. 对事情感到困惑

有时候,你之所以拖延,是因为你并不清楚自己应该做什么。你看到了事情的方方面面,却不知道该从何处下手,因此你就开始拖延,并希望工作变得越来越简单,这样你才好开始去做。在做事的过程中,不断出现的错误和失败使你很困惑,不知道自己应该做些什么,甚至认为你即使做了,也会把事情搞得一团糟,这就使得你停在那儿,一拖再拖。

2. 对事情感到畏惧

很多时候,你可能是害怕去做一件事,所以才导致拖延;或者惧怕正在做的事,迟迟没有进展,结果使拖延在你身上扎下根来。

3. 对事情感到绝望

绝望经常表现为灰心沮丧,它可能使你对困扰你的事感到一筹莫展。这种状况经常会导致拖延,而且很不容易克服。当你感到绝望时,做个决定会很难,同时你会感到完全无助。幸运的是,只有极少数人是因为绝望而导致拖延的习惯。

4. 不愿承担责任

有时因为不愿承担更多的责任,所以一再拖延。总是希望等到情况好转了,再踏出第一步,结果导致一拖再拖。

5. 过于追求完美

你可能是一个完美主义者,总想把自己的每件工作都达到最完美的程度,结果虽然很积极,完成的事却非常少,别人指出来,你却说:"我正在做啊。"可事实上,你一直在拖延,因为你害怕失败。

6. 依赖他人

依赖性很强的人做事也会拖延,因为自己无法独立完成工作。因此总是把重要的工作往后拖,直至有人来帮助。如果每次都能得到别人的帮助,可能会养成依赖他人的习惯。

7. 对工作缺乏兴趣

对工作缺乏兴趣,是导致拖延的一个最普遍的原因。当你对该做的事一点都不感兴趣时,就会经常受心理疲惫之苦,也会用这种主观疲惫状态,作为拖延的理由。

8. 身心疲惫

生理和心理疲惫都是导致拖延的原因之一。生理疲惫主要由于工作辛苦、工作时间过长或者紧张过度所致。当身体疲倦时,即使还是兴致勃勃地工作,但已经力不从心,只能采取拖延的办法。心理疲惫主要来自无聊、不关心或没有兴趣,结果也是把工作拖下去。

人如果患上了拖延的毛病,就不要指望有一天它会悄悄地自行消失。不能轻视它,认为它对你构不成什么威胁,不会妨碍你的正常工作。这种想法是完全错误的,你应该尽快、尽早摆脱这个"妖魔"。可以这样做:

1. 找出造成拖延的原因

上面列举了造成拖延恶习的原因,通过自我核查确定造成自己拖延的原因后,把它写在你能经常看到的地方,如办公室的台历上,时时提醒自己,直到改掉为止。

2. 在规定的时间内完成一件事

通过这件事,恢复你的自信,激起你工作的兴趣。

3. 学会先做最重要的事

这样就不会被那些不重要和不紧急的杂事纠缠了。或许你并未意识到,当你沉溺于做一些无关紧要的小事时,说明你已经染上了拖延的恶习。

4. 行事要果断

犹豫不决是另一种拖延。所以,确定一件事,就要立即去做,不要为自己寻找任何借口。

5. 对自己有信心

当做完一件事时,要肯定自己,增强自信心。可以对自己说:"你做得不错,再加把劲会更好。"甚至可以简单奖励自己一次,比如吃顿好饭、看场电影,等等。

6. 保持快乐

林肯说过:"你想让自己有多快乐,你就会有多快乐。"让自己快乐并不难,只要你去练习。你一开始就要想些快乐的事情,因为快乐的心境会帮你阻止拖延乘虚而入。

如果说"想"就是成功了一半的话,那么另一半就是去"做";缺少了"做"的这一半,不论事情多么简单,成功都是空谈。

金玉良言

你既然期望辉煌伟人的一生,那么就应该从今天起,以毫不动摇的决心和坚定不移的信念,凭自己的智慧和毅力,去创造你和人类的快乐。

05 坚持就是胜利

马伦哥战役打响的前夜,拿破仑在营帐里不停地徘徊,眼睛不时地注

将来的你，一定会感谢现在拼命的自己

视着面前摊开的一张意大利地图，一边思考，一边顺手挪动插在地图上的钉子，研究敌我的战斗格局。他眉头紧皱，好像形势对他很不利。

过了一会儿，他深深地呼出一口气，如释重负的样子，自言自语地说："这样的地势对我绝对有利，我一定要在这里抓住他！"

"您要抓住谁？"他身边的一个军官问道。

"墨拉斯。他是奥地利的一只老狐狸，他从热那亚回来时要路过都灵，回攻亚历山大里亚。我要渡过波河，在塞尔维亚平原迎战他，就在马伦哥将他打败。"拿破仑边说边用手指着他的取胜地点。

就在拿破仑的如意计划还在推敲的时候，马伦哥战役打响了，但战事并没有像他预想的方向发展。法军受到了敌军强有力的抵抗，只有招架之功，没有还手之力。拿破仑眼看着自己精心筹措的计划就要成为泡影，他失望极了。

无奈之下，法军只好向后方败退，途中正遇到他的手下将领带着大队

第四章 有过则改，自己才会出色

骑兵驰过田野，队伍停在一座山坡附近。士兵中有一个小鼓手最引人注目，他是最小的战士。事实上，他原本只是个流浪儿，是战士们在巴黎街头好心将他收留，后来他就一直跟随着队伍。在埃及和奥国战役中他都参与了作战，而且表现出色。

看到他们，并没有使拿破仑兴奋起来，他不耐烦地朝小鼓手喊道："击退兵鼓！"

这个孩子看了拿破仑一眼，像没听见一样，没动。

"听到了吗？击退兵鼓！"

看到拿破仑有些生气了，小鼓手才拿着鼓槌向前走了几步，大声说道："为什么？将军，我们一定能胜利，况且我不会击退兵鼓，从来没有人教过我。但是我会击进军鼓，可以敲得很棒，能敲得让死人都站起来。我随军队征战时总是击进军鼓，我在金字塔、在台伯河、在罗地桥都敲过它……将军，在这里我为什么不可以击进军鼓？"

拿破仑苦笑一下，无可奈何地说："我的计划全落空了，我们打了败仗，现在除了后退还能怎么办呢？"

"怎么办？打败他们！我相信我们的军队一定会赢，还没到最后时刻您不能放弃，而且要赢得胜利还来得及。"小鼓手敲起了进军鼓，像在台伯河一样敲得响亮！

伴着小鼓手激进的鼓声，战士们手挥利剑，向奥地利军队横扫过去。他们不知从哪儿来的斗志，所向披靡，把奥地利军打得一退再退。战争以法军的胜利告终。当炮火消散时，人们看到小鼓手走在队伍最前面，敲着激昂的进军鼓，笔直地前进。他的脚步从容不迫，鼓声激越有力，他以自己勇敢无畏的精神开辟了胜利的道路。

人生如战争，戏剧性的战争结果，却是人内心世界的真实写照。当我们在生活失意时，有谁能不沉沦丧志；当爱情走远时，有谁能不伤痛流连；当事业受挫时，有谁能奋起拼搏……

无论在战火纷飞的阵地，还是在不见硝烟的人生战场，要赢得最后的胜利，就要有一个信念，坚持到底就是胜利。

将来的你，一定会感谢现在拼命的自己

每天重复的工作仿佛无任何意义，可是回头看看，还是进步了许多，获得了更多的资源，积累了做事的资本。所以，做事要有耐心、有细心，不停地从中学习，终有一天，会让你成长为巨人。

坚持不一定都能获得成功，但获得成功一定需要坚持，因此说持之以恒是获得成功的第一要素。

莎士比亚曾说过："很多人的失败，都失败在做事不彻底，他们往往做到离成功只有一步的时候，便停止不做了。"的确，我们很多人之所以没有成功，并不是因为能力不强、条件不足，而是缺乏坚持，从而使可能的成功毁于一旦，结果始终达不到目标。

中国古代大哲人荀子说："骐骥一跃，不能十步，驽马十驾，功在不舍。"这正充分地说明了坚持的重要性。骏马虽然比较强壮，腿力比较强健，然而它只跳一下，最多也不能超过10步，这就是不坚持所造成的后果；相反，一匹劣马虽然不如骏马强壮，但它若能坚持不懈地接连走10天，照样能走得很远，它的成功在于走个不停，即坚持不懈。

"发明大王"托马斯·爱迪生说："如果你不是天才，那么你成为天才的秘诀就是辛勤工作、努力坚持。"有一次，一位记者问他："你的众多发明都是灵感的产物吗？"

"如果我觉得一件事情值得去做的话，我就不会随随便便地去看待它。"爱迪生回答道，"没有一件发明出于偶然，除了照相机之外。当我下定决心准备去做一件事情的时候，我就会坚持做实验，直到获得我想要的结果为止。我一直都在努力地尝试去发明那些我认为有用的东西。"这位伟大的发明家还说："我不知道是出于什么原因，但凡任何事情只要我开始做了，我就会一直惦记着，很难把它从脑海中清除，除非把它完成。"

一个人如果能全身心地投入到一项有意义的事业之中，他就一定会有所成就。如果他具有良好的能力，再加上坚持的话，他所获得的成就会更大。

许多人之所以没有收获，主要原因就是在最需要下大力气、花大工夫、毫不懈怠地坚持下去时，他却停止了努力。省力倒是省力，成功却从此与他无缘了。

成功的到来，总是需要时间的，因此坚持就显得极其重要。有的人成功，就因为他比别人多坚持了一下；另一些人失败，也只是因为他没能坚持到最后。

在遇到困难时，更要坚持，就像比阿斯所说："要从容地着手去做一件事，一开始就要下决心坚持到底。"所有的成功者的经历告诉我们：是坚持成就了人生的辉煌。马克思写《资本论》花了40年，托尔斯泰写《战争与和平》花了37年，达尔文写《物种起源》花了20年……

持之以恒，方能成就伟大的事业，缔造卓越的成就。坚持是创造成功的基本态度，是成就事业的第一素质。选择正确的道路，并坚持下去，是实现目标的唯一法则。

一个人做事，在动手之前，当然要详慎考虑，但是计划或方针已定之后，就要认定目标前进，不可再有迟疑不决的态度，这就是坚毅的态度。

06 制怒，处世成功的必要基础

有一位女上脾气特别不好，从来不知道控制自己的愤怒，每当她的孩子淘气时，她就会大发脾气："不让你……你偏要……"大发雷霆之怒。可是，她越发脾气，孩子就越淘气，不是掀翻了桌子，就是打碎了花瓶。她惩罚他，把他关在屋里，大声叫骂，愤怒不已。与其说她在当妈妈带孩子，不如说她在带兵打仗。她整天就是大声叫骂，一天下来，犹如从战场归来，累得筋疲力尽。但她从来没有想想孩子为什么会淘气，她应该怎样引导孩子少做破坏性的事，她为孩子的淘气而气愤，气坏了自己的身体，可孩子却根本不知自己错在哪里。

将来的你,一定会感谢现在拼命的自己

人们总会为自己的暴躁脾气大加辩护:"人嘛,总有生气发火的时候。"或者是"要不把肚子里的火发出来,非得憋死我不可。"在这些借口之下,你总是不停地大发雷霆,想让别人都怕你发怒的样子。殊不知,这种情绪根本就无济于事。

愤怒就是这样捉弄人,它根本不能改变别人,只会使别人更想控制动怒的人,或更想与你对抗。如果让上面提到的孩子说出他们淘气的理由,他或许会这样告诉你:"如果想看看妈妈发怒的样子,只要说这样的一句话、做那样一件事情,就可以让她气得头脑发昏。你可能会被关进屋里,那是无所谓的。多好玩呀,我们应该这样多逗逗她,看看她会气成什么样!"

同其他所有的情感一样,愤怒是你思维活动的结果。它并不是无缘无故产生的。当你遇到不合意愿的事情时,就认为事情不应该是这样的,于是开始愤怒,并伴随一些冲动的动作,这种做法是很危险的,对办事者来说,不会有什么好结果可言。

韦恩·戴埃在《你的误区》中说:"你应对自己的情感负责。你的情感是随思想而产生的,那么,你只要愿意,便可以改变对任何事物的看法。首先,你应该想想:精神不快、情绪低沉或悲观痛苦到底有什么好处?而后,你可以认真分析导致这些消极情感的各种思想。"

如果不能控制自己的情绪,在向别人咆哮之后,说声"对不起,请原谅,我脾气不好。"这也并不是什么明智之举。为什么不努力去控制自

己的情绪,反而要别人努力地去宽容你?

应当牢记这样的忠告:不论在与人的交往过程中发生了什么不如意的事,都不要轻易发作,一旦你发作出来,无论对己对人,都是一种伤害。所以要控制脾气,可能这对大多数人来说并不容易,但却必须这么做,因为这是我们最起码的文化修养,也是你处世成功的必要心理基础。

你若伤过一个人的心,给他一百样好处,也别以为自己不会吃亏。因为羽箭虽已从伤口拔出,疼痛仍旧留在心上。

07　成由勤俭败由奢

晋武帝时期,在京都洛阳有三个出名的大富豪:一个是掌管禁卫军的中护军羊琇,一个是晋武帝的舅父、后将军王恺,还有一个是散骑常侍石崇。

羊琇、王恺都是外戚,他们的权势比石崇大,但是却比不上石崇富有。石崇当过几年荆州刺史,他除了搜刮民脂民膏之外,还干过肮脏的抢劫勾当。这样,他掠夺了无数的钱财、珠宝,成为当时最大的富豪。

石崇到了洛阳,一听说王恺的豪富很出名,便有心跟他比一比。他听说王恺家里洗锅用饴糖水,就命令他家厨房用蜡烛当柴火烧。王恺为了炫耀自己富有,在他家门前的大路两旁,夹道四十里,用紫丝编成屏障。谁要上王恺家,都要经过这四十里紫丝屏障。石崇一心想压倒王恺,他用比紫丝贵重的彩缎,铺设了五十里屏障,比王恺的屏障更长,更豪华。

王恺又输了一招,便向他的外甥晋武帝请求帮忙。晋武帝把宫里收藏的一株两尺多高的珊瑚树赐给王恺,可以让王恺在众人面前炫耀一番。

宴席上,王恺命侍女把珊瑚树捧了出来。那株珊瑚有两尺高,长得枝

将来的你,一定会感谢现在拼命的自己

条匀称,色泽粉红鲜艳。大家看了赞不绝口,称其是一件罕见的宝贝。谁知石崇拿起案头的一支铁如意,轻轻一砸,一株珊瑚被砸得粉碎。王恺气急败坏地责问石崇。石崇叫他随从的人回家去,把他家的珊瑚树搬来让王恺挑选。不一会儿,随从搬来了几十株珊瑚树。这些珊瑚树,三四尺高的就有六七株,大的竟比王恺的高出一倍。株株条干挺秀,光彩夺目。王恺这才知道石崇家的财富,比他不知多出多少倍,也只好认输。

石崇显示了他的富有,却从此留下了祸根。后来,他被赵王司马伦所杀。石崇被朝廷逮捕时,叹息说:"这是小人想收我的财罢了!"逮捕他的人说:"你既然早知道财富是祸害,为什么不早早地散掉它呢?"石崇的母亲、哥哥和妻子儿女都被杀害。史家下结论说:石崇富贵比得过当时"四豪",豪华盖得过"五侯"。极度侈靡必潜藏祸害。菜园绿色一片,像春天一样,但季节却是冬天。最终怎么样呢?金谷别馆一片悲凄,乐极生悲。

当今社会,有许多人花钱如流水,挥霍无度。他们似乎从不知道金钱

对于他们的事业的价值。他们胡乱花钱的目的不外乎是想让别人夸他一声"阔气",或是让别人感到他们很有钱。

有些人收入不高,但花起钱来却大手大脚。他们会为了买只有富人才买得起的小古玩和衣服,把所有的钱都花光,但等到想做点事情时却身无分文。

如今,追求高品质物质生活已成为一部分人的一种时尚,这本无可厚非,但是,有些人富起来之后,却把追求高品质生活变成了追求奢侈生活。他们要过富翁甚至"帝王"瘾:桌子有老板桌,吃的有黄金宴,玩的是高尔夫球,等等,一味追求奢华风。

根据一项调查,人类有许多的烦恼与金钱有关,但是人们在处理金钱时却出乎意料地盲目。更悲哀的是,人们没有意识到理财的重要,仍旧大把地花钱。人骨子里都有享乐的本性,享乐起来,也忘了自己的经济实力是不是允许,这是十分危险的。

所以,我们应该学会理财、学会节俭。节俭是一种积极健康的生活态度,是一种珍惜资源、珍爱环境的精神境界,在我们面临资源短缺、能源紧张的今天,即使再富有也不应当奢侈。奢侈之风要不得,"成由勤俭破由奢"的古训,今天依然应当成为每一个人的座右铭。

金玉良言

奢侈会破坏人的纯洁心灵,你获得愈多,就愈贪婪,而且确实总感到不能满足,结果就可想而知了。

08　享受真正的快乐

有两个人,一个爱贪婪,一个爱嫉妒。

将来的你,一定会感谢现在拼命的自己

两人互相憎恨,他们还说了上帝许多坏话——贪婪的人这样说:"瞧上帝干的事儿有多糟糕!他把高的往下压,为什么我穷,而我的敌人——住在我右边的邻居——却有钱呢?"

爱嫉妒的人用他一贯的怨恨口吻说:"上帝不会向着你,也不会听你的,让你成为王子,高居众人之上。你要是这样,就让我死掉……"

一个天使在列希姆的荒野里找到他们,天使向他们打招呼:

"喂,我是被派来找你们的。今天,你们有求必应,每人可以提一个请求……这就是我答应你们的。你们俩人哪一个要什么就有什么,而且马上兑现。不过,那个不先提要求的同伴,所得到的却要加一倍。这个规定,你们可不能违反。"

说完,天使就离开了他们,这俩人看不见、也找不到天使。这时他们才明白他是上帝的天使,他的话就是真理。

贪婪的人满心想要双份儿的恩惠,他说:"你先要吧。"

爱嫉妒的人回答,"我怎么能先要一个而让你比我多呢?"

贪婪的人听了非常气愤,怒不可遏地转向爱嫉妒的人,举起手来便打他。

两个人扭打起来,终于爱嫉妒的人同意先说了。

爱嫉妒的人说:

"主啊,对你的仆人赏赐恩典的反面吧……我的两只眼睛瞎掉一只,

但我的敌人要瞎掉两只。让我的一只手动不了,而我的敌人则是两只手动不了。"

他刚一说完,可怕的黑暗就降临到他身上,他的眼睛瞎了一只。

第二个人的所得,是他同伴的双份儿。爱嫉妒的人把脸转向他的同伴,噢,他的两只眼睛都看不见了,他的两只手也从袖子里搭拉下来,他的力量从他身上消失了。

这样,两个人在那里耻辱地、不光彩地留了下来。欲望连同怨恨一起离开了他们,因为贪婪的人再也不贪求占有那高楼大厦,他得到了坟墓。爱嫉妒的人再也不对别人心存芥蒂了。他的嫉妒,在他丧失身体的重要部分时也离开了他,他受到的打击也是毁灭性的。

常言道:知足常乐。然而,生活中有些人却永远也不懂得知足,他们总是在满足了一个欲望的同时,又想得到更多,拥有更多,欲望也就会无限地膨胀。这永无止境的贪婪,最终会彻底毁灭一个人。

人的一生中,许多人因为太贪婪,所以很多的时候总感觉不快乐。想一想,不是快乐远离我们,而是我们活的不够简单罢了。人来到这个世界上,短短的几十年,辛辛苦苦的劳作,挣钱本身不是目的,目的是能够享受人生的快乐和圆满。生活贵在平衡,每一个环节都很重要,不能稍有偏废。如果过分贪婪,把握不住必要的尺度,就很容易受到伤害。抛弃欲望的重负,轻松愉悦地享受人生才是明智的选择。

而嫉妒是一种难以公开的阴暗心理。在日常工作和社会交往中,嫉妒心理常发生在一些与自己旗鼓相当、能够形成竞争的人身上。嫉妒能让人丧失理智,从而做出一些非常之举。比如:同事获得升迁,某人由于心存芥蒂,事后就对这位同事工作上的"破绽"大大攻击。对方再如法炮制,以牙还牙,如此恶性循环,必然影响双方的事业发展和身心健康。所以,要克服嫉妒心理首先要先想一下后果,认清这样做的危害性。

如果被嫉妒心理困扰,难以解脱,一定要控制自己,不做伤害对方的过激行为。这时,可以用转移的方法,将自己投入到一件既感兴趣又繁忙

将来的你，一定会感谢现在拼命的自己

的事情中去。

　　工作及社交中嫉妒心理往往发生在双方及多方。而有才华的人，往往容易招人嫉妒，因此注意自己的品格修养，尊重与乐于帮助他人，尤其是自己的对手，这样不但可以克服自己的嫉妒心理，而且可使自己免受或少受嫉妒的伤害，同时还可以感受到心情的愉悦。

金玉良言

　　快乐无处不在，只要减少物质的追求，不执著于有无，少一些贪婪，多一份满足，就会发现和享受真正的快乐。

09　拥有清醒的自我，才能实现自我

　　有些人总以为自己有才能，满足、骄傲、盛气凌人、自以为是，岂不知这样不仅容易被小人嫉妒，也会因为自己的言行不慎而将自己断送。

　　西晋有个叫王衍（字夷甫）的人，竹林七贤之一的王戎是他的堂兄。王衍被公认为是当时名士的领袖。由于他出身门第显贵，在朝中又身居要职，所以他的名位在名士乐广之上。

　　王衍容止风度雅致，神情明秀，人们对他的赞誉很高。王敦称他身处众人当中"似珠玉在瓦石间"。王导赞他身材"岩岩清峙，壁立千仞"。王戎夸他说："太尉神姿高彻，如瑶林琼树，自然是风尘外物。"

　　晋武帝听说了王衍的大名，曾经问王戎："当世谁能与夷甫相比？"？王戎答道："没有见过能和他相比的，只能从古人中找。"

　　王衍自己也恃才傲物。他十四岁时，去拜访当时名望极高的权贵。他说话口齿伶俐，举止自然大方，在权威面前一点没有畏惧之态。当时权臣贵戚杨骏想把女儿嫁给他，王衍深以为耻，于是就佯狂自免。

王衍标榜清高绝俗,他的妻子郭氏是贾后的亲戚,仗着外戚权势,刚愎贪婪,聚敛无度。王衍既痛恨郭氏的贪鄙,又不敢招惹她,只好口不言"钱",委婉地表示对钱财的鄙视。那郭氏也非常有趣,一日心血来潮便

要试探夫君对钱态度的真假。她趁王衍晚上睡着后,令婢女拿钱环绕在王衍床前。王衍早晨起来见到钱,立刻大声叫婢女说:"将这些东西拿走!"他还当真没说出个"钱"字来。

王衍还在孩提时,曾去拜访山涛。山涛素能识人,王衍走后,山涛目送他说:"哪里的老东西,生下这么一个好孩子,但是误尽天下苍生的,未必不是他啊!"不管山涛的话是否杜撰,但"清谈误国"的帽子的确是戴在了王衍的头上。

八王之乱起时,王衍已居宰辅高位,但他不以经国为念,只思自全之策。王衍有个女儿是愍怀太子妃,太子被贾后诬陷,当时人都觉得冤枉,王衍却畏惧祸患牵连,便上表替女儿请求离婚。这实在有辱他素来的名声,当

将来的你，一定会感谢现在拼命的自己

时就有人弹劾他"志在苟且，无忠蹇之操"，王衍因此事被禁锢不得为官。

当时中原已是多事之秋，周边民族铁马遍地，流民起义风起云涌，司马家族内讧不已，眼看西晋江河日下，王衍即对掌权的司马越说："中国已乱，当赖方伯，宜得文武兼资以任之。"于是便以弟王澄为荆州刺史，族弟王敦为青州刺史，并对二人说："荆州有江汉之固，青州有负海之险，你二人在外，而我留在此地，足可以说是三窟了。"这种置社稷人民安危于脑后，而只为自己身家性命作"狡兔三窟"的做法，真是对他清高脱俗形象的讽刺。

西晋末年，羯人石勒及王弥进犯洛阳，朝廷启用王衍督军征讨，初战获胜，迁升太尉。司马越讨苟晞，王衍又为太傅军司。等司马越死了，众人共推王衍为元帅，以救国家于危难之中。这时，王衍却一个劲地畏缩推辞。国家安定时，他汲汲功名，毫不推让，国家危亡之际，他却贪生怕死，不敢承担大任。

晋室大业土崩瓦解，王衍难逃干系，王衍及晋宗室48人都被石勒俘虏。虽然最终王衍得以幸免，但却落得个不光彩的下场。

后来的王羲之、桓温、陶弘景都认为王衍是清谈误国的罪魁祸首。如果仅是高谈阔论，即便是于国无补，也不至于到误国的地步。王衍既身居要职，却恃才自傲，口谈玄远，不务世事，的确是因清谈误国，以清谈亡国了。

戒骄是提防因骄而带来的祸患，免得家道败落。谦虚能够使人增长智慧，满足、骄傲会使人的才智贬值，甚至会遭到小人嫉妒，产生排斥力。说话太多，傲气太盛是历代官宦招灾引祸的根源，有此则家必败。

一个人最大的优点应是内心拥有清醒的自我，认识自我是实现自我的第一条件。

金玉良言

百川之所以愿意归入江海，就因为他甘心居于河水的下游，这是千古至真的道理。

第五章

优秀的人有方法,失败的人会抱怨

●尽可能坚定不移。在任何情况下都要冷静,无比坚韧。绝不把对手逼得走投无路,而是总是给对手留面子,设身处地为他着想。

●没有完美的个人,只有完美的团队。团队由一群不完美的人构成,但只要总体和谐搭配,就能够发挥出团队的最大力量。

●要学会掩藏自己的智慧,遮蔽自己的能力,才能避免遭到猜忌。

将来的你,一定会感谢现在拼命的自己

01　团结一切可以团结的力量,你才能成功

有位台湾青年在美国读书。有一次,学校安排他和三个美国人到一家企业里开发系统。台湾青年作为组长,重责一肩挑起,几乎是独立完成了所有的工作。

系统开发完毕后,厂商及老师对他们的系统都相当满意。第二天,台湾青年满怀希望地跑去看老师给学员的打分:结果自己竟然是四分,另外那三个美国人拿的都是五分。他觉得很不公平,跑去找老师理论。

"老师,为什么其他人都是五分,而我只有四分呢?"

"噢,那是因为你的组员们认为你对这个小组没什么贡献。"老师耐心地回答。

"老师,你最清楚,那个系统几乎是我一个人弄出来的。"台湾青年很不服气。

"是啊。但他们三个都是这么说的,所以……"

"说起贡献,你知道布莱恩,每次我叫他来开会,他都推三阻四,不愿意参加。"台湾青年开始揭同学们的短。

第五章 优秀的人有方法，失败的人会抱怨

"对呀。但是他说那是因为你每次开会都不听他的，所以觉得没有必要再开什么会了。"

"那杰夫呢？他每次写的程序几乎都不能够用，多亏我帮他改写！"

"是啊，就是这样让他觉得自己不被尊重，就越来越不喜欢参与，他认为你应该为这件事负主要责任。"

"那撇开这两个不谈，米娅呢？她除了晚上帮我们叫比萨外，几乎什么都没有做，为什么她也拿五分？"

"米娅啊，布莱恩跟杰夫两人觉得，她对于挽救整个小组陷于分崩离析有绝大的贡献，所以得五分。"

"亲爱的老师！你该不是有种族歧视吧？"台湾青年开始恼火了。

"噢！可怜的孩子，你会打篮球吗？"

"这事与打篮球有什么关系？"

"这么说吧，任何一个在台湾长大的孩子，对于竞争大约都不会陌生。大考、小考、一路到联考，能够顺利考进大学的，大概都算得上是竞争中的胜利者。但不幸的是，联考的竞争比较像打棒球，而不是打篮球。你瞧，如果你当一个外野手，球飞过来了，你只能靠自己去接住它，别的队员跑过来，不但帮不上忙，还可能因而妨碍了你的接球。联考也就是这样的一场'个人秀'，无论你的亲朋好友、老师、同学多么想帮助你，但最后还是得你一个人进考场，自己为自己的未来奋斗。但是，出了联考大门，你会发现这类'个人秀'型的竞争是很少的。不论你是工程师、经理人或是特殊教育的老师，你的成就必须仰赖别人跟你的合作。就像是一个篮球队员那样，任何的得分都必须依靠队员之间的缜密配合。好的篮球球员如乔丹，除了他精湛的球技之外，更重要的是他与队员之间良好的默契，以及乐于与队员共同追求卓越的精神。"

进入社会之后，成功不再靠单打独斗，而靠团队。一个人要想创立自己的团队，首先自己要是一个富有团队精神的人，这样，天地才会广阔，事业才会做大。所以，你要摆脱"联考"思维，转到篮球场上来。

任何一支团队，成员之间必须团结一致，大家心往一处想，劲往一处

将来的你，一定会感谢现在拼命的自己

使，才能无往而不胜。在篮球队里，如果每个人只求个人表现、忽视团队精神和相互协作，个人技艺再高强，如果不能协同一致，也很难获得胜利。五个人组成的篮球队，与四个人组成的篮球队比赛，得分的差距不是5∶4，而是5∶0。美国众多职业篮球队之所以经常赢得冠军奖杯，关键在于其教练大多数是极为卓越的管理者，懂得让球队产生一种浓郁的"家人意识"，他们的球员也因此在千变万化的球场，愿意在必要的情况之下，牺牲个人得分的机会，在这次奏效的妙传当中，表现出大公无私、协调合作的敬业精神。因为全队的共进退，大幅提高了得分率，所以大多数球队都会获得最后的胜利。

声宝企业创办人陈茂榜先生也曾拿打篮球的道理来强调"团队合作"的重要性。他认为一家企业要发挥集体力量，就要以企业的"团队精神"为基础，如果每个人只求个人表现，忽视团队精神，那么就如同打篮球，即使队员们个个都艺高技强，如果我行我素，大家不能协调一致，互相支持配合，通常也是很难获致胜利的。

在运动场上，我们为冠军球队欢呼，赞美团队精神。同理，企业界的主管若能好好运用这个原理，去建立、训练出一支精良的团队，相信他们早晚也会打胜仗，赢得惊人的业绩。

团队的力量是巨大的，有很多事情必须靠团队里每一个成员相互协作、共同努力才能完成。而团队的建立，关键在于凝聚力。

正如俗语所说的，"众人拾柴火焰高""团结就是力量""拧成一股绳""积水成渊"等，团队的凝聚力是多么重要！只有团队成员充分沟通配合、心心相通、协调默契，才能形成强大的阵势与气势，才能攻关守隘，无往而不胜。

团队凝聚力是维持团队存在的必要条件，如果一个团队丧失凝聚力，团队就像一盘散沙，这个团队就难以维持下去，并呈现出低效率状态。如果团队的凝聚力强，其成员工作热情高，做事认真，并有不断的创新行为，就会呈现高效率形态。

团队凝聚力要求所有成员都有一个共同的目标，并为之奋斗，需要有

统一的价值观,强调要有正确而能凝聚人心的企业文化的支撑。团队凝聚力强调的是组织内部成员间的合作态度,为了一个统一的目标,成员自觉地认同肩负的责任,彼此之间相互了解,取长补短,并愿意为此目标共同努力。

　　一个优秀的团队,必然是建立在相同的利益立场、相同的利益兴趣、相同的奋斗目标之上。凝聚力的形成,就来源于共同的目标。管理者懂得这一道理,在实际的操作当中,就会想方设法时刻注意把"共同目标"这一理念贯彻到每一个员工的心里。只有让员工深刻认同共同的目标,才会形成协调一致的团队默契,更好地为了这一个共同的目标而奋斗。

　　没有完美的个人,只有完美的团队。团队由一群不完美的人构成,但只要总体和谐搭配起来,就能够发挥出团队的最大力量;各种不同人才的合理搭配,就可以创建出一个完美的团队。一个人只有融入团队,才能更好地发挥自身的才干和能量。尤其在当今市场竞争白热化且变幻莫测的情势下,依靠团队的力量可能增加胜算几率。所以,每一个为团队工作的团队成员都必须记住:唯有为一个健全的团队工作,才能创造出卓越非凡的成就,才会有美好的前程;否则,一切将不堪设想,结局也会很惨。

金玉良言

　　一滴水只有放进大海里才永远不会干涸,一个人只有当他把自己和集体事业融合在一起的时候才最有力量。

02　人际关系,决定你的未来

　　弗拉基生长在美国宾夕法尼亚州的农村,父亲是钢铁工人,母亲是清洁工。他依靠个人努力,特别是在交际方面的超人才能,获得奖学金进入

将来的你,一定会感谢现在拼命的自己

耶鲁大学,并获得哈佛大学工商管理硕士学位。

毕业后,弗拉基进入著名的底特律咨询公司,很快做到了合伙人的位置,并成立了自己的咨询公司,成了业界白手起家的典型。

不到40岁,弗拉基已经建立起一张庞大的关系网,其中既有华盛顿的权力核心,又有好莱坞的大牌明星,他自己则成为"美国40岁以下的名人"和"达沃斯全球明日之星"。

"记得刚进哈佛商学院的时候,我诚惶诚恐,实在不敢相信一个穷小子能跻身全美最高商业学府。一年之后,一个念头浮上心头:我身边这些家伙都是凭什么本事进来的?"弗拉基发现,善于同陌生人接触是成功人士区别于他人的重要标志,成功者善于主动与别人接触,建立起庞大有效的联系网络,并利用关系网开展工作,最终促进各方共赢。

当今社会,是信息爆炸的时代,谁获取信息快,谁就最先成功。而信息的获得主要是靠你的关系网。现实中,缺什么都可以,唯独不能缺少人

第五章 优秀的人有方法,失败的人会抱怨

际关系,因为良好的人际关系是通向财富大门的关键所在。

于是,弗拉基在《决不单独用餐》一书,总结出人际交往需遵循的原则:

1. 不要总想着怎么实现自己的目的

交朋友的关键在于真诚和慷慨,一些为了拉关系而钻营的做法是一种短视的行为,表面热情握手但却内心冷漠,这样的人交不到真正的朋友。

2. 始终积极与外界保持联系

要始终关注周围的人,通过身边小事发出积极的信号,让别人感到你一直在关心他们,而不要等到需要帮忙时才临时出手。

3. 决不单独用餐

不管你是在公司工作,还是参与社区活动,无论何时何地,你都必须马上融入这个圈子,成为集体的一部分。要是自己单独用餐不搭理别人,那只能说明自身与他人和团体格格不入,这种孤立所带来的后果很可怕。

4. 不要害怕暴露弱点

与人积极接触、坦诚相待,难免会暴露自身的弱点。有人害怕这一点,过于矜持和保守,从而丧失了与他人建立密切关系的机会,也同时丧失了无限广阔的发展空间。

许多成功人士的事例告诉我们,财富是通过丰富的人际关系而来的。所以,建立你的关系网很重要。在我们身边也有许多类似弗拉基的例子,只是有时自己"看"不到罢了。那么从现在起,你也可以借用一下,其中的奥秘自己会慢慢感知。

很多人把社交场当成自己一生事业的发祥地,这是有一定道理的,也是与时俱进的一条好思路。一个擅长社交的人,两星期内交到的朋友会比不擅交际的人两年中交到的还要多。这除了要求心中有正确的交友准则外,还要求你要做个有心人,与别人建立良好的关系,抓住一切时机,甚至连就餐的短短时间都不放过。

将来的你，一定会感谢现在拼命的自己

金玉良言

一个温存的目光，一句由衷的话语，能使人忍受生活给他的许多磨难。

03　员工，比上帝重三两

美国第四大零售店华尔连锁商店成功的秘诀只有一句话："我们对自己的员工关怀备至"。

华尔的创办人华顿自 1962 年开始，每年都要视察属下的各个连锁店。公司的经理们在他的带动下每年都用大量的时间到连锁商店里工作，办公总部空荡荡的，就像一个无人仓库。

华顿常说："我们最好的主意都是员工提出的。我们最重要的工作是让同事们说话，请他们参与管理。"

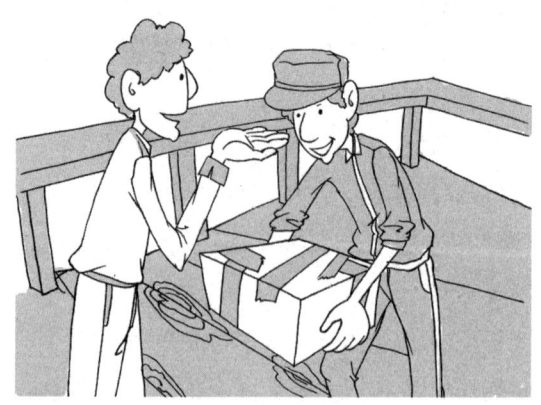

有一次，华顿到批货中心去，他站在货运甲板上和工人聊天。回去之后，根据那里的工作条件和职工的需要，他决定建两个淋浴大棚。老板无微不至的关怀让每个员工激动不已。

第五章 优秀的人有方法，失败的人会抱怨

又一次，华顿坐专机到得克萨斯州的蒙特皮雷森镇去，他在半路就下了飞机，让驾驶员飞往目的地等他。他在公路上拦住一辆华尔连锁店的运货车，乘车到达目的地，在车上他同司机聊得很投机。

华尔连锁店的员工都为自己所取得的成就而骄傲。在每周六召开的例行管理会议上，工作成绩突出的员工会获得一枚徽章。每星期都有几个店面荣登"荣誉榜"。

到 1970 年，华尔连锁店已经拥有员工两万多人，销售额从 4500 万美元猛增到 16 亿美元，连锁店分店由 18 家发展到 330 家。

都说顾客是上帝，其实员工也是上帝。把"员工上帝"照顾好了，尊重他们、照顾他们，让他们心情舒畅、充满自信，他们就会给你争取来"顾客上帝"。

《孙子兵法·地形》中记载："视卒如婴儿，故可与之赴深溪；视卒如爱子，故可与之俱死。厚而不能使，爱而不能令，乱而不能治，譬如骄子，不可用也。"意思是说，将帅对士兵能像对待婴儿一样体贴，士兵就可以跟随将帅赴汤蹈火；将帅对士兵能像对待自己的亲生儿子一样，士兵就能够与将帅同生共死。但是，对士兵如果过分宽仁而不能使用，一味溺爱而不服从命令，违反了纪律也不能严肃处理，这样的士兵，就好比被宠坏的孩子一样，是不能用来打仗的。

这样的道理在今天同样适用。对待下属员工要像对待自己的亲人一样，这样下属员工必然也会把公司当成自己的公司，自己的家。这样的员工，这样的团队必然能为公司创造好的业绩。

"视卒如子"谋略的核心是尊重人，理解人，充分发挥人的主观能动性，调动人的积极性，齐心合力地干好工作。这也是明智的领导者和管理者所采用的做法，在经济管理和企业界运用更为广泛，效果也最为显著。

真正的强者和成功者聚拢人心，绝不仅靠强力手腕和严酷的管理手段，人情十足的慰藉更能引起共鸣。一个领导者，要以情待员工。企业经营者须真心实意地关心爱护员工，全体职员才能一心一意地为企业发展贡献力量。但在关心的同时要进行管理，不能过于厚爱，要制度严明，"善

将来的你，一定会感谢现在拼命的自己

用兵者,修道而保法,故能为胜败之政"(《军形篇》),制定一个好的规章制度并落实,依照制度赏罚分明,才能建立起企业的威严,才能更好地任用人才,企业运行才能有条不紊。

商业之中,"情"字本是最难获得的东西,也是最可贵的财富,谁抓住了它,谁就可能获得了一半的成功。另一半即是与先进管理的融合。在强硬中透着温情,有张有弛,才是管理企业的至高境界。

金玉良言

一位最佳的领导者,是一位知人善任者,而在下属甘心从事其职守时,领导要有自我约束力量,而不插手干涉他们。

04 情感，最赚钱的投资

乔治是英国一家手工作坊的小业主,一场经济危机使他陷入了困境,产品卖不出去,资金周转不开,物价暴涨,他面临着破产的威胁。亲朋好友都劝他赶快裁员,以减轻负担。乔治思考良久,准备采用这个建议。

消息很快传到了老乔治的耳朵里。第二天清晨,老乔治来到办公室,命令他收回成命。乔治不服,老乔治便现场解除了乔治的职务。中午,老乔治走进了工人餐厅,看见大家一脸憔悴、苍白,碗里是白水煮的青菜和几片豆腐。老乔治立刻从街上的小餐馆花3英镑买回两碗肉,端进餐厅,哽咽着说:"兄弟们受苦了。现在,我已解除了他的职务,并且从今天起,每天中午我和你们一起吃饭——当然,3英镑的肉必不可少!"工人们欢呼起来。

那时候,3英镑是个不小的数目——足够老乔治夫妇一天的生活花销。

第五章 优秀的人有方法，失败的人会抱怨

每天 3 英镑，所带来的效益却是无法计算的，因为工人们心存感激，便拼命干活儿，努力降低成本，竟然使这个手工作坊慢慢度过了难关，发展壮大，最终成为全英一家著名的电器公司，拥有资产过千万。

老乔治是深谙经营之道的，从小事做起，从最打动人心的角度入手，他创造了一个奇迹。

"雪中送炭"比"锦上添花"更让人觉得可贵。3 英镑不算多，多的是工人们看到了老乔治愿意拿出来分享的那份情谊。由此可以看出，在所有投资中，情感投资是最划算的，所以，任何时候都不要忽略了对团队成员的情感倾注。

我们知道，人是感情动物，人的一切行为动力都受感情支配。而获取人们感情的有效方法，就在于你能了解他、尊敬他、器重他、同情他、帮助他、爱护他。管理者与其抬高自己的身份，让员工们认为你是伟大的、神圣不可侵犯的，还不如降低自己的身份，放下架子，让员工们认为你是完

将来的你，一定会感谢现在拼命的自己

全可以信赖的人，是他们的真诚朋友。这样，他们不仅会心悦诚服地拥护你、爱戴你，甚至会心甘情愿地为你赴汤蹈火，为你效忠效力。

卡耐基说："一个人的成功，只有15%归结于他的专业知识，而85%归于他表达思想、领导他人及唤起他人热情的能力。"要想员工主动提高工作热情，能为公司创造更多的价值，就必须要善待自己的员工。

老乔治善待员工，获得的回报是公司的起死回生和更大的发展。可见，企业的管理者应时时为员工着想，这样，员工也定会与企业患难与共、共同进退。

一个企业的成功经营不仅仅取决于它所拥有的资源多寡，在很大程度上与其员工的工作积极性密不可分。这不单单表现在一个企业成功运作的时候需要员工高昂的工作积极性，还表现在当一个企业面临严峻挑战时，员工的团结一致和努力往往可以使企业转危为安。

做生意就怕心不齐。凝聚人心的关键在于人情味。明智的老板必须重视感情投资。打动下属的心，才能让下属鞠躬尽瘁。都说商场无情，商人不是慈善家。企业老板若能化无情为有情，上演一幕幕动人的人情戏，企业也就必然富有凝聚力，员工精诚团结，为老板出力，企业必定大有前途。

金玉良言

当今所需要的领导，集中到一点，就是他有能力使他的下属信服，而不是简单地控制他们。

05 宽容，化敌为友的最好武器

贾复和寇恂是东汉光武帝刘秀复兴汉室的两个功臣。一次，左将军贾

复的部将在颍川杀了人,寇恂正做颍川太守,就将这个部将逮捕并处以死刑。贾复认为这有辱他的尊严,带兵经过颍川时,对手下的人说:"见到寇恂一定要将他杀死。"寇恂得知他的预谋后,就不与他相见。寇恂的外甥谷崇请求带宝剑在他身旁侍候,以防不测,寇恂说:"不需要那样,以前蔺相如

不怕秦王,而让着廉颇,是为国家着想。"于是命令所属各县盛情接待,为贾复的部队一人准备两人的酒饭。贾复带部队到来,寇恂出门到路口相迎,然后说自己有病先回去。贾复集中队伍想追赶他。无奈手下将士都喝醉了,动弹不得。寇恂派人将事情报告光武帝,光武帝召见寇恂和贾复,让他们重新结为朋友,然后各自回去任职。一场仇恨也就这么化解了。

孔子说过,血气方刚时,要提防好斗。孟子说,杀别人的父亲,别人也会杀了你的父亲;杀别人的兄长,别人也会杀了你的兄长。吴国报越国檇李之辱,越国雪吴国会稽之耻即属此类。以德化怨,可以化干戈为玉帛;以仇报仇,那么,冤冤相报何时了?

人们对于曾经欺负自己的人,心中难以忘记仇恨。仇恨是带有毁灭性的情感,如果一直背负着,其痛苦将不堪承受。可是,很多人就喜欢这样,将上一辈的仇恨留给下一代,希望代代相传。这样做,虽然自己的情感得到了寄托,但是将仇恨延续下去,就会加重后辈的负担,甚至剥夺了原本属于他们的快乐。

仇恨就像埋在人心中的种子,不时地影响人的决策。所有邪恶的念

将来的你，一定会感谢现在拼命的自己

头都是在仇恨的指使下从你的头脑中蹦出来的，所谓"恶向胆边生"，得到的只能是一杯苦酒，一杯不但使自己痛苦，而且还是使身边所有人难以下咽的毒酒。

能够将仇恨之心收敛起来，以仁和之心待人的人，是真正的君子。人的觉悟程度，是人生经历的结果，改变他人就像改变自己一样，是一个艰难的过程。人们固然要对他人的劣根性进行批判，然而，更需要做的是对他人施以诚挚的厚爱和包容。在他人做了伤害自己的事情的时候，多给予一些体谅和理解，也许事情就会有不一样的结局。有时，一件小事都可能激起一个人的仇恨之心，让对方对此耿耿于怀。

西汉人李广，任汉朝将军，匈奴骑兵俘虏了李广，当时李广受伤生病，匈奴人就把李广放在两匹马中间，装在绳编的网兜里躺着。走了十多里，李广假装死去，斜眼看到他旁边的一个匈奴少年骑着一匹好马，李广突然一纵身跳上匈奴少年的马，趁势把少年推下去，夺了他的弓，打马向南飞驰数十里，追上他的残部，带领他们进入关塞。匈奴出动几百名骑兵追赶，李广一边逃一边拿起匈奴少年的弓射杀追来的骑兵，才得以逃脱。

李广回到汉朝京城，朝廷把李广交给执法官吏。执法官判决李广损失伤亡太多，他自己又被敌人活捉，应该斩首，李广用钱物赎了死罪，削职为民。李广隐居蓝田县南山中，以狩猎为生。

一天夜里，李广带着一名骑马的随从外出，和别人一起在田野间饮酒。回来时走到霸陵亭，霸陵尉喝醉了，大声呵斥，禁止李广通行。李广的随从说："这是前任李将军。"亭尉说："现任将军尚且不许通行，何况是前任呢！"便扣留了李广，让他停宿在霸陵亭下。后来李广得以离开，但一直对霸陵尉耿耿于怀。

没过多久，匈奴入侵杀死了辽西太守，打败了韩安国军队，韩安国迁调右北平。武帝任命李广为右北平太守。李广随即请求派霸陵尉一起赴任，到军中就把他杀了。李广为自己报了仇，结果怎样呢？后来，李广虽为抗击匈奴做出了很大的贡献，但一直不受汉武帝的重视，最后还落得自杀而死。尽管李广很爱护他的士兵，但对敢于冒犯他的人，他缺少宽容之

心,随便就把一个地方官杀了,无疑也会使别人对他有看法。试想一想,如果李广宽容待人,不把这一件小事放在心上,结果会怎样呢?一件事足可以看出一个人的心胸。

一个心中常想报复的人,其实自己活得也并不快乐。因为他把精力用在想怎样报复这件不愉快的事上了,而且就算成功了,他也会有种失落与悔恨交织的情感。所以,对待曾经伤害自己的人,应给予一点宽容,忘记仇恨。

宽厚待人,忘记仇恨是事业成功、家庭幸福美满之道。事事斤斤计较、患得患失,这样活得会非常累。不必羡慕人家,不要苛求自己,常用宽容的眼光看待世界,事业、家庭和友谊才能稳固和长久。

古人说:"忍一时风平浪静;退一步海阔天空。"对胸中的怨恨要懂得忍耐,不能任由怨恨积累成仇恨,也不能起报复之心。只要我们忘记仇恨,不刻意追求完美,就会从中发现自己喜欢的方面,从而拥有充实而美好的真实生活。

金玉良言

人生的磨难是很多的,所以我们不可对于每一件轻微的伤害都过于敏感。在生活磨难面前,精神上的坚强和宽仁之心是我们抵抗罪恶和人生意外的最好武器。

06 忍耐,人生永不败北

长州尤翁开了三个典当铺。年底的一天,忽听门外一片喧闹声,出门一看,是他的伙计和邻居。站柜台的伙计上前对尤翁说:"他将衣服压了钱,今天空手来取,不给他就破口大骂,有这样不讲理的吗?"邻居仍气势汹汹,不肯认错。尤翁从容地对他说:"我明白你的意图,不过是为了度年

将来的你，一定会感谢现在拼命的自己

关。这种小事，值得一争吗？"于是命伙计找出典物，共有衣物蚊帐四五件。尤翁指着棉袄说："这件衣服抗寒不能少。"又指着道袍说："这件给你拜年用，其他东西现在不急用，可以留在这儿。"那人拿到两件衣服，无话可说，立刻离去。当天夜里，他竟死在别人家里。原来，此人因负债多，已服毒，知道尤家富贵，想敲笔钱，结果一无所获，就转移到另外一家。有人问尤翁，为什么能预先知情而容忍他，尤翁回答："凡无理挑衅的人，一定有依仗。如果在小事上不忍耐，那么灾祸就会跟着来了。"人们听了这话，很佩服他的见识。

酒、色、财、气，人生四关，我们可以滴酒不沾，可以坐怀不乱，可以不贪钱财，却很难不生气，所以"气"这一关最难过，而要想过这一关就须学会忍。

俗话说："忍得一时之气，免得百日之忧。"在中国人眼里，忍耐是一种美德，是一种成熟的涵养，更是一种以屈求伸的深谋远虑。

"吃亏人常在，能忍者自安"。忍耐是人类适应自然选择和社会竞争

的一种方式。

人生在世,尤其在关系复杂、利害攸关的时候,总是会遇到种种不顺心的事情:不公、冷遇、误解、陷害等。这些不顺心有时会对自己固有的原则和利益造成损害。而对于如何对待这些事情的正确做法是,以忍耐来化解矛盾,或以忍耐来等待时机。

忍耐并非懦弱,而是于从容之中冷嘲或蔑视对方。

唐代高僧寒山问拾得:"今有人侮我,冷笑我,藐视我,毁我伤我,嫌恶恨我,诡谲欺我,则奈何?"拾得答曰:"子但忍受之,依他让他,敬他避他,苦苦耐他,装聋作哑,漠然置之,冷眼观之,看他如何结局?"只有忍受自己遭遇的不公,才能保全自己的名利;只有处变不惊、虚静自守,才能有以静制动、以屈求伸的良好效果。也正因为忍耐加强了我们的韧性和灵活性,使我们能够迎接和承受各种艰难险阻的挑战。

无论是民族还是个人,生存的时间越长,忍耐的功夫就越深。生活在世上,要成就一番事业,谁都难免经受一段忍辱负重的曲折历程。因此,忍辱几乎是有所作为的必然代价,能不能忍受就成为伟人与凡人之间的区别之一。

忍耐不仅是一种策略,也体现了一个人的思想高度与个人的道德修养。能做到"忍耐"的人,一般必怀有坚强厚实的智能、品德和权位。忍耐是我国古代智慧的结晶,凡做大事者,必须学会忍耐,培养善于容忍的胸怀和气度。

金玉良言

希望是坚韧的拐杖,忍耐是旅行袋,携带它们,人可以走上成功之旅。

将来的你，一定会感谢现在拼命的自己

07　谎言，人生的独特风景

　　父亲带着女儿到朋友家去做客。主人泡好茶，把茶杯放到了客人面前的小桌上，然后给茶杯盖上盖子。主人觉得少了点什么，马上把热水瓶放在地上，快步走进另一个房间。

　　女儿站在窗前看花。父亲伸手去拿茶杯。突然一声闷响，接着是一阵碎裂的声音，如同爆炸一般。
　　地上的热水瓶翻倒了。女儿吓了一跳，急忙回过头来。她看到一切都很正常，觉得非常奇怪。父亲和她谁也没碰热水瓶，这是毫无疑问的。可能主人把它放在地上时，它有点不稳。
　　爆炸声引得主人快步奔向客人这边，手里拿着一只装糖的盒子。他看到了地上一摊冒热气的水，顺口说道："没事儿！没事儿！"
　　父亲好像想说什么，但还是控制住了。过了一会儿他才说："十分对不起，我碰着它了。"
　　"没事儿。"主人无动于衷地重复道。
　　在回家的路上，女儿问："你碰着热水瓶了？"

144

"……我开始是。"父亲回答。

"可你根本就没碰。那会儿我正好在窗玻璃上看见了你的影子,你一点儿都没碰它。"

父亲笑了,问女儿:"那你说说,我该怎么办!"

"热水瓶是自己翻倒的,因为地不平。叔叔把它搁在地上的时候就不稳。爸爸,你干吗说你……"

"可叔叔没看见。"

"那你可以说给他听嘛!"

"这不行,孩子。还是说我碰倒了它比较好一点,这听起来比较可信。事情往往是出人意料的。你的回答越真实,听起来就越假,别人就越不相信你。"

女儿沉默了。

喜欢说谎的人会遭到鄙视,谎言也被认为是最不受欢迎的语言,但是,谎言中也有一种特例,叫做善意的谎言。有些时候,我们说一些善意的谎话,会产生神奇、积极的力量。父母的一句善意的谎言,能让哭泣的孩子笑容满面;老师的一句谎言,能让彷徨失落的学生重塑自信;医生的一句谎言,能让恐惧的病人由毁灭走向新生……这些善意的谎言都是出于美好的愿望,因此,它不会玷污文明,更不会扭曲人性,甚至可以说,它是心灵的滋养品,也是信念的原动力。善意的谎言能让人找到更多笑对生活的理由,促使人更坚强,战胜脆弱,绝处逢生。

善意的谎言能够产生巨大的作用,无论出于信任,还是出于宽容、鼓励、理解,总能带给人以希望和感激。所以说,善意的谎言是美丽的,是人际交往中必不可少的一部分。当然,善意的谎言也有其一定的规则。

第一,一定要出于一种善意的爱护,以避免让人伤心、难过、着急、失望为目的。

第二,这种谎言非说不可,否则将可能带来难以预料的后果。俗话说:"适当的谎言是权宜之计。"

英国人文主义者阿谢姆说:"在适当的地方说适当的谎言,比伤害人的真话要好得多。"在与人交往中,很多行为不能一概而论,关键是一要看当时的境况,二要看引起的后果。为人的难度,关键就在于把握好这种尺度。

生活中可能经常听到一些善意而美丽的谎言,这些谎言构成了人生的另一道风景,它丰富了人的生活情趣,和谐了人际关系,调节了人的内心世界,能使人生活愉快、家庭和谐。有时候,为了让身边的人幸福,我们有义务精心编织一些善意的谎言,因为人生中有一种幸福便来自这种谎言!

金玉良言

大家都能够互相尊敬、互相爱护、互相帮助,这是自然期望我们人类的生活方式。

08 笑,要讲究场合

战国时的赵胜,人称平原君。他家的楼高踞在老百姓的房子的上面。邻居家有一个跛子,一瘸一拐地去打水。平原君的美人在楼上居住,看见后,大声嘲笑他。

第二天早上,跛子到平原君家里来,请求说:"我听说平原君爱惜有才之士,智者不远千里拜见您,这是您把士看得珍贵,而把女人看得低贱。我不幸残废,您的后宫看见了笑我,我想得到那个嘲笑我的人的头。"平原君回答说:"好!"

后来平原君嘲笑地说:"看这个小子,居然想因为笑了他一次就杀我的美人,不是太过分了吗!"平原君始终没有杀那个美人。

过了一年多,门下的宾客渐渐走散了。平原君很奇怪,就问原因。一个人回答他说:"因为您不杀那个嘲笑跛子的美人,所以人们都说您喜爱女色并且看轻有才之士,因此宾客们都离开了您。"平原君感到很惭愧,杀了那个笑跛子的美人,并且到跛子家谢罪。后来,那些士人渐渐回来了。

笑要适当,恰到好处,就不会遭到别人的厌恶。如果笑得过了度,或者笑得不是场合,就会招致别人的嫌恶。

笑,对一个人的生活有着很大的影响。它关系着我们的健康,我们的心情,我们与他人的沟通,我们事业的成败,我们生命的意义。但如果笑得不是时候,笑得不是场合,则会适得其反。

《圣经·马太福音》中说:"你希望别人怎样对待你,你就应该怎样对待别人。"这句话被多数西方人视为待人接物的"黄金准则。"聪明之人为了避免祸端,会及时控制自己的情绪,或者阻止身边人对有缺陷的人耻笑。笑容虽然是最灿烂的表情,但是却也不能随意发笑。笑的时候要注意场合,尤其要避免对有缺陷的人加以嘲笑和耻笑。

笑是人之常情。由衷而笑不会惹人讨厌,口蜜腹剑者的笑则会让人

将来的你，一定会感谢现在拼命的自己

不寒而栗。开玩笑也要适度，如果开得过分就将结怨于心胸狭隘的人。况且，嘲笑他人并不是好的品德，是不尊重他人的表现。

  醉心于宣扬他人的恶名，表明你自己已声名狼藉。有人好用他人之过为自己开脱，为自己洗刷罪名；或嘲笑他人之过以减轻自己的罪责，这实在愚不可及。

09　忠诚，成功人士必备

  忠臣良将的事迹为后人铭记，因为他们代表着正直、正气和正义。唐朝的颜真卿是颜杲卿的弟弟，担任平原太守。恰逢安禄山叛乱，他起兵讨伐叛贼，各郡县都积极响应。颜真卿因讨伐叛军有功，升迁为刑部尚书，却被卢杞嫉妒、厌恶。

  德宗建中四年，李希烈谋反，攻陷汝州。这时，皇上问卢杞有什么计策，卢杞回答道："如果能够有一位学识渊博、人品俊雅的大臣到叛军中去陈述祸害，讲明得失，那么就可以不劳累军卒并且使叛军臣服。颜真卿是三代旧臣，忠厚正直，刚强勇敢，在海内外名声显赫，人们都信任服从他，他是再合适不过的人选。"皇上认为卢杞说的对，于是派遣颜真卿到叛军那里宣诏，以安慰叛军。

  到了叛乱地点以后，颜真卿正想宣读圣旨，李希烈非但不听，还让他的一千多名手下环绕他辱骂他，并拿出刀对着他比划。颜真卿镇定自若、毫不畏惧。李希烈无奈，挥手让众人退下，让他在馆中住下并以礼相待。这时，正好朱滔等人派遣使者送信给李希烈，劝他进攻，李希烈找来颜真卿，把信拿给他看，说："这四王推举我率军进攻，他们不谋而合，我没有退

第五章 优秀的人有方法,失败的人会抱怨

身的地步了。"颜真卿回答:"这是四个凶手,怎么能称他们四王?"李希烈很不高兴,派人在庭中挖了个坑,说要把颜真卿给埋了。颜真卿平静并且坦然地笑着对李希烈说:"生死都是命中注定,你何必多此一举,你马上给我一剑,难道不更让你痛快!"李希烈为他的忠直所感动,向他谢罪。后来,颜真卿自己吊死在叛军营中。颜真卿死后,被封为鲁郡公,谥号文忠。

忠诚,就是无论在顺境还是逆境中,都要忠于国家,忠于民族,忠于自己的信仰。忠诚也意味着坚定地支持某个人、某个企业或某项事业。如果你是一个忠诚的朋友,即使有人令你失望或伤害你,你仍然会不离不弃。

职场上,忠诚是一种职业道德,也是一种服务企业力量的源泉。对于一个下属来说,如果你想得到领导的赏识,赢得他的信任,最为关键的一点在于:无论你才能多高,千万要对领导忠心。

当你做到忠诚的时候,人们就可以明确知道你的立场。你的朋友、家人、同事甚至领导就会知道,无论发生什么,你都会坚持你的立场。当你忠诚于自己对别人的承诺,他们就知道,没有什么能够阻隔你们的关系。

忠诚并不是对某个企业或某个人的唯唯诺诺或从一而终,而是一种高度的责任感。只有才华,没有责任心,缺乏忠诚的人很难获得长足的发展。责任感与忠诚一旦养成,就会让我们成为一个值得信赖的人,实际上,缺乏忠诚精神的人是对自己事业、前途的不负责任。试想,一个对自己都不负责任的人,又怎么会对其他人负责?

将来的你，一定会感谢现在拼命的自己

如果你忠诚,就要对一个人、一个国家或一个理想做出承诺。你必须非常谨慎地选择你的承诺对象,因为如果你是忠诚的,就必须长时间地坚持你的承诺。你要确定,你对之做出承诺的人、信念或国家能够一直值得你的忠诚。如果有人出于不良动机或为了破坏你的信誉,而利用你的忠诚,你就要考虑继续对他忠诚是否是正确的。

忠诚是一种精神。忠诚自古以来就是一种美德,是中华民族炎黄子孙躯体中流淌的血液。对国家忠诚,是因为我们热爱国家;对事业忠诚,是因为我们热爱事业;对企业忠诚,是因为我们对企业心存感恩;对同事忠诚,是因为我们信任同事。所以,忠诚不是为了增加回报的砝码,它是一种责任和使命,更是一种优秀的精神。

生活中,我们每个人都扮演着不同的角色,无论你担任何种职务,做什么样的工作,都要忠诚。如果你能力一般,忠诚可以让你走得更远,走得更好;如果你能力突出,忠诚可以将你带向成功的顶峰。

金玉良言

像蜡烛为人照明那样,有一分热,发一分光,忠诚而踏实地做好自己的工作。

10 藏锋守拙，终成大器

1986年,一位中国留学生去应聘一位著名教授的助教。这是一个难得的机会,收入丰厚,又不影响学习,还能接触到最新科技资讯。但当他赶到报名处时,那里已挤满了人。

经过筛选,取得考试资格的各国学生有30多人,成功的希望实在渺茫。考试前几天,几位中国留学生使尽浑身解数,打探主考官的情况。几经周折,他们终于弄清内幕——主考官曾在朝鲜战场上当过中国人的俘虏!

其他中国留学生这下全死心了,纷纷宣告退出,"把时间花在不可能的事上,再愚蠢不过了!"

这位留学生的一个好朋友劝他:"算了吧!把精力腾出来,多刷几个盘子,挣点儿学费!"但他没听,而是如期参加了考试。最后,他坐在主考官面前。

主考官考察许久,最后给他一个肯定的答复:"OK!就是你了!"接着,又微笑着说,"你知道我为什么录取你吗?"

年轻留学生诚实地摇摇头。

"其实你在所有应试者中并不是最好的,但你不像你的那些同学,他们看起来很聪明,其实再愚蠢不过。你们是为我工作,只要能给我当好助手就行了,这与几十年前的事毫无关系。我很欣赏你的勇气,这就是我录取你的原因!"

将来的你，一定会感谢现在拼命的自己

后来，年轻留学生听说，教授当年是做过中国军队的俘虏，但中国人民志愿军对他很好，根本没有为难他，他至今还念念不忘。

这个留学生就是后来的吴鹰——UT斯达康公司的中国区总裁，《亚洲之星》评出的最有影响力的50位亚洲人之一。

在日常生活中，总有一些人自认为聪明，结果往往"聪明反被聪明误"，这样造成的后果是，轻则丧失机会，重则造成无法估量的损失。有很多时候，人是被自己的"聪明"打败的。

智慧有大小，在行事的时候要量力而行。如果事情在自己的掌控之中就可以去做，如果超过了自己的能力，就不能勉强。

职场中，尽管人们口头都说"人尽其才"，但是在很多情况下，任何上司都有获得威信、满足自己虚荣心的需要，他们不希望部属超过并取代自己。因此，身为下属，如果你想让你的上司满意，不妨把自己表现得比上司"外行"一些或水平稍低一些。这样，上司多半会更加信任你，对你委以重任。

聪明的人要懂得将自己的智慧隐藏在普通的言行之中，让别人看不到你的锋芒，却又能从无形中指引正道，这就是大智若愚的方法。如果不懂得忍住表露自己的聪明，以聪明自居，四处招摇，则可能会引来他人的嫉妒和陷害，导致无法自保。

无论在什么问题上都不要表现自己比上司高明，要学会掩藏自己的智慧，遮蔽自己的能力，才能避免遭到猜忌。机遇并不一定属于那些自认为聪明的人。有时候，他们所谓的"聪明"，往往是打败自己的武器。

金玉良言

好炫耀的人是明哲之士所轻视的，愚蠢之人所艳羡的，谄佞之徒所奉承的，同时他们也是自己所夸耀的言语的奴隶。

第六章

良言暖三冬,做一个会说话的高手

●笨蛋的心在嘴巴上,聪明人的嘴巴在他的心上。

●有时候,一味地硬冲硬打未必是最好的方法,以退为进也是一种人生的策略。

●一句得体的幽默会消除一场误会,一句巧妙的幽默能胜过好多句平淡无味的攀谈。

将来的你，一定会感谢现在拼命的自己

01 适时低头，才能化敌为友

老鼠是山神的宠物，它向山神要求下凡做一个普通动物。

山神说："在动物世界中，大象是最强大的，你下凡后，必须战胜大象，才有资格回到我身边，否则，你就永远留在动物世界吧！"

老鼠答应了山神的条件。但它来到动物界一看，便知道对山神的承诺是轻率的。因为它发现自己是一种又小又弱的动物，要战胜大象简直是天方夜谭。它后悔了，但它还是决定试一试。它想，自己要是从大象的长鼻子中钻进去，用身体堵住大象的气管，不让它喘气，大概会迫使它认输。

这一天，老鼠趁着大象吃树枝之际，悄悄地钻进大象的鼻子中，准备实施它的计划。不料，刚进去一小段路程，大象就觉得奇痒，便猛地打了一个喷嚏——老鼠只听到一声巨大的轰响，便觉得天旋地转，像炮弹一样被射向高空，半天才掉在地上，摔得它浑身上下像碎了一样疼痛。它终于领教到了大象的厉害。

大象也由此恨透了老鼠。心想：这老鼠长得小，胃口可不小，它竟然想打我大象的主意，真可恶。于是，只要一见到老鼠，大象就用大脚踩它，老鼠险些丧命。

此后很长一段时间，老鼠总是远远地躲开大象，它后退了，它不想自讨苦吃。

可天有不测风云。一天，大象落入了猎人设下的巨网中。它挣扎了很久，全身力气都耗尽了，也未能逃脱出来，只得等死。老鼠想，这真是天赐良机，大象现在已毫无抵抗能力，只要我在它的要害部位挖几个洞，它就会没命，我不就战胜大象了吗？

然而，老鼠心地善良，它看到大象可怜的样子，不忍心下手。它的良

第六章 良言暖三冬,做一个会说话的高手

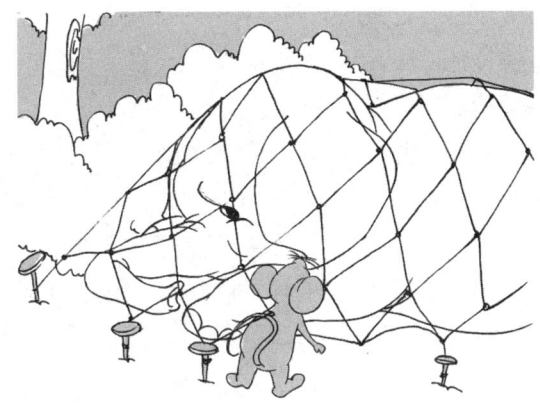

心告诉它,应该救大象,于是开始用锋利的牙齿咬巨网的绳子。不知过了多久,那张巨网被老鼠咬出一个大缺口,大象猛地一用力,从巨网中钻了出来。

从这个事件中,大象看到了老鼠可贵的心灵,决定同老鼠结下友谊。当然,老鼠也愿意交大象这个仁厚的朋友。于是,老鼠和大象化干戈为玉帛。

不久,山神找到了老鼠,向老鼠祝贺,说它已经战胜了大象。

老鼠说:"我还没有战胜大象呢,这大概是不可能了!"

山神说:"老鼠,你已经战胜了大象。你将对手变成了朋友,难道世界上还有比这更完美的胜利吗?"

要成功就一定要学会做人。但是,实际生活中人们总免不了争强好胜,认为主动退步会丢面子,其实这一步退出的是个人的魅力和精神,谁先退一步谁就赢得了尊重。从另一个角度说,成功的道路上多一个敌人不如多一个朋友,与其敌对,倒不如与他们结为朋友共同奋斗。

以退为进是一种做事的策略,当敌强我弱的时候,或者形势暂时对我们不利的时候,不妨采取这种方式,一方面可以获得更多宝贵的时间,另一方面还可以从中找到解决问题的办法。对于成功者来说,只要人生目标的大方向没变,有时候选择以退为进的策略,其实更是一种明智的选择。

155

将来的你，一定会感谢现在拼命的自己

我们在做事时，往往更多地强调要有一种勇往直前的精神，一种积极进取的精神。但是，有时候，一味地硬冲硬打未必是最好的方法，以退为进也是一种人生的策略。

在社会上，无论说话也好，做事也好，好多人不肯让步，不愿给别人一点空间，往往只为了"争一口气"，本来没有什么大不了的琐事，非要大费周章，坚持己见不让步，结果小事变大事，甚至搞得两败俱伤，何苦呢？

人在世间若是不能忍受一点闲气，不肯给人方便，让人一步，就可能使自己到处碰壁，到处遭逢阻碍，不肯给人方便，结果自己也不方便。如果一个人平常在语言上让人一句，在事情上留有余地，肯让人一步，也许活着也就没那么累了。

在谋略中，以退为进的主要目的在于引诱，为了达成目的让别人按照你的思路去行事。故事中的老鼠很好地掌握了这种做事的谋略，当情况不利的时候，采取以退为进、不正面攻击的方法为自己赢得宝贵的时间。这就是兵法里说的"能而示之不能""诱之以利"的道理。

人情翻覆似波澜。今天的朋友，也许成为明天的对手；而今天的对手，也可能成为明天的朋友。世事如崎岖道路，困难重重，因此走不过的地方不妨退一步，这样做，既是为他人着想，又能为自己留出回旋余地，多一个朋友多一条路。懂得"以退为进"，有时候让你获得意想不到的好效果。

金玉良言

不要靠馈赠获得朋友，你须贡献你诚挚的爱，学会怎样用正当的方法来赢得一个人的心。

第六章 良言暖三冬,做一个会说话的高手

02 委婉,通往山顶的路不止一条

有个妻子要过生日了,她不想让丈夫再送花、香水、巧克力或只请吃顿饭之类的,她希望能够得到一颗钻戒,"今年我过生日,你送我一颗钻戒好不好?"

"什么?"

"我不要那些花啊、香水啊、巧克力的。没意思嘛,一下子就用完了、吃完了,不如钻戒,可以做个纪念。"

"钻戒,什么时候都可以买。送你花、请你吃饭,多有情调!"

"可是我要钻戒,人家都有钻戒,我就没有,就我贱,没人爱……"结

将来的你，一定会感谢现在拼命的自己

果，两个人因为生日礼物吵了起来，最后闹到甚至要离婚。大吵之后，两个人彼此问："我们是为什么吵架啊？"

"我忘了！"妻子说。

"我也忘了。"丈夫搔搔头，笑了起来，"啊！对了！是为了你要颗钻戒。"

还有一个妻子，同样想要颗钻戒当生日礼物，但是她没直接对丈夫说，而是撒娇地说："亲爱的，今年不要送我生日礼物了，好不好？"

"为什么？"丈夫诧异地问，"我当然要送。"

"明年也不要送了。"

丈夫眼睛睁得更大了。

"把钱存起来，存多一点，存到后年。"妻子不好意思地小声说，"我希望你给我买一颗小钻戒……"

"噢！"丈夫说。

结果，你们猜怎么样？生日那天，她还是得到了礼物——一颗钻戒。

说话是为人处世的首要修为。委婉，是一种修辞手法。它是指在讲话时不直陈本意，而用委婉之词加以烘托或暗示，让人思而得之，而且越揣摩，含义越深越远，因而也就越具有吸引力和感染力。委婉含蓄的表达是一种语言的艺术。这样的表达比直截了当地说更能体现人的语言修养。委婉含蓄的语言，既是劝说他人的法宝，又能满足人们的心理上的自尊感，容易产生认同感，同时也更容易达到你所要达到的目的。

"遁辞以隐意，谲譬以指事"，说话人故意说些与本意相关或相似的事物，来表达本来要直说的意思。这是语言中的一种"缓冲"方法。尽管这"只是一种治标剂"，但它能使本来也许是困难的交流，变得顺利起来，让听者（或看者）在比较舒坦的氛围中接受信息。因此，有人称"委婉"是公关语言中的"软化"艺术。

中国有句俗话：到什么山上唱什么歌，见什么人说什么话。要让你的话合乎人心，给人如沐春风之感，自然、柔和、亲近。

现代文学大师钱钟书先生是个自甘寂寞的人。居家耕读，闭门谢客，

最怕被人宣传,尤其不愿在报刊、电视中扬名露面。他的《围城》再版以后,又拍成了电视剧,在国内外引起轰动。不少新闻机构的记者都想约见采访他,均被钱老执意谢绝了。一天,一位英国女士好不容易打通了他家的电话,恳请让她登门拜见。钱老一再婉言谢绝,却没有效果,他就对英国女士说:"假如你看了《围城》像吃了一只鸡蛋,觉得不错,何必要认识那个下蛋的母鸡呢?"这位英国女士终被说服了。

委婉含蓄主要具有如下三方面的作用:第一,人们有时表露某种心事,提出某种要求时,常会觉得羞怯、为难,而委婉含蓄的表达则能解决这个问题。第二,每个人都有自尊心。在人际交往中,对对方自尊心的维护或伤害,常常是影响人际关系好坏的直接原因。如果说话不经过大脑就脱口而出,不仅得罪人,而且要办的事情也会"无疾而终"。而委婉含蓄的表达常能完成想要表达的任务,同时也维护了对方的自尊。第三,有时在某种情境中,例如可能有第三者在场,有些话就不便直说,这时就可用委婉含蓄的表达。这便是说话委婉含蓄的美妙之处。

学会说话和办事是门艺术。尤其重要的一点,是说话办事要经过冷静的分析,分辨出哪种方式适合当前状况,再付诸行动,这样才能达到理想目的。

人与人之间,最使人痛心的,莫过于以诚恳的态度,希望得到别人的善意和友好,结果得到的却是恶意和伤害。

03　幽默,化解敌意的好方法

1843年,亚伯拉罕·林肯作为伊利诺伊州共和党的候选人,与民主党的彼德·卡特赖特竞选该州在国会的众议员席位。

将来的你，一定会感谢现在拼命的自己

卡特赖特是位有名的牧师，他抓住林肯的一个"小辫子"，大肆攻击林肯不承认耶稣，甚至诬蔑过耶稣是"私生子"等，从而使林肯在选民中的威信骤降。

有一次，林肯获悉卡特赖特又要在某教堂作布道演讲了，就按时走进教堂，虔诚地坐在显眼的位置上，有意让这位牧师看到。卡特赖特认为又可以大肆攻击林肯一番了，所以，当他演讲进入高潮时，突然对信徒说："愿意把心献给上帝，想进天堂的人站起来！"信徒全都站了起来。"请坐下！"卡特赖特继续祈祷之后，又说："所有不愿下地狱的人站起来吧！"当然，教徒全部霍然站立。

就在这时，他又对教徒说："我看到大家都愿意把自己的心献给上帝而进入天堂，我又看到除一人例外。这个唯一的例外就是大名鼎鼎的林肯先生，他两次都没有作出反应。林肯先生，你到底要到哪里去？"

这时林肯从容地站起来，面向选民平静地说："我是以一个恭顺听众的身份来这儿的，没料到卡特赖特教友竟单独点了我的名，不胜荣幸。我认为，卡特赖特教友提的问题都是很重要的，但我感到可以不像其他人一样回答问题。他直截了当地问我要到哪里去，我愿用同样坦率的话回答：我要到国会去。"

在场的人被林肯雄辩风趣的语言征服了。后来，林肯顺利地当上了国会众议员。

美国有位心理学家这样形容幽默:"幽默是一种最有趣、最有感染力、最具有普遍意义的传递艺术。"幽默的语言,能使社交气氛轻松、融洽,利于交流。具有幽默感的人,生活充满情趣,许多看来令人痛苦烦恼之事,他们却应付自如,使生命重新变得趣味盎然。人们常有这样的体会,疲劳的旅途上,焦急的等待中,一句幽默的话,一个风趣的故事,不仅能带给别人快乐,更能让自己疲劳顿消,笑逐颜开。

幽默是人们所能拥有的最强大的力量,它能使人放松心情。在人际交往中,我们不难发现,有幽默感的人不管在哪里都会受欢迎,因为人们总是可以从那些幽默的话语中得到放松和快乐。

有幽默感的人可以为自己创造魅力,而这种魅力正是一种无形资产。

有位名人说过:"幽默是一种看待万事万物都显得'新奇有趣'的生活态度。"幽默更是成熟睿智的最佳表现。

首先,幽默可以避免自己尴尬,是最敏捷的沟通感情的方式。遭遇尴尬的场面,可以借助幽默来使气氛、场面活跃起来。

其次,幽默可以使人在受气时,以轻松诙谐的方式,理智地回击对方,达到讽刺的目的。人们在受到不公正待遇时往往会因愤怒而失去冷静,反击方式通常也是硬邦邦地出言不逊,结果,不仅问题没解决,还给他人留下了很坏的印象。

而幽默就能够以巧妙的语言体面地给对方以反击,并使局面向有利于自己的这一方发展。

第三,幽默能摆脱困境,消除烦恼。一个人的语言可以像优美的歌曲,也可以像伤人的利剑。幽默机智的话能使人产生喜悦满足之感,令人久久难忘。

第四,幽默可以化冲突为喜悦,变危机为幸运;在充满火药味的场合,也可以成为最佳的缓和剂,帮助你摆脱困境。

总之,"幽默"的好处很多,能缓解紧张气氛,消除疲劳,使人际交往更加和谐;化危机为转机,突破困境、反败为胜;具有愉悦、美感、批评、教益、讽刺等作用。恰当的时间,恰当的地点,使用幽默,不仅能帮助人们应

将来的你，一定会感谢现在拼命的自己

付各种矛盾和尴尬，而且也体现了一个人的豁然大度，让人们的语言充满了生活智慧。一句得体的幽默会消除一场误会，一句巧妙的幽默言辞能胜过好多句平淡无味的攀谈。

幽默可以反映一个人随和的个性，显示一个人的智慧以及随机应变的能力，因此，犹太人说："只要是幽默就能使人放松心情，而唯有贤者才能在任何情况下，都永远保持着宽松的心情。"

俄国文学家契诃夫说："不懂得开玩笑的人，是没有希望的人。"在现代快节奏的生活中，人们经常处于高度紧张的状态，适时地使用幽默，可以调节精神，保持情绪平衡，从而促进人际关系的和谐。

金玉良言

幽默是智慧的光芒，它闪耀着古今哲人的灵性。凡有幽默的素养者，都是聪敏颖悟的。他们会用幽默解决一切困难问题，而把每一种事安排得从容不迫，恰到好处。

04　纠正上司的错误，要讲究方法

西汉的张禹，汉宣帝时为博士，汉成帝即位后封为关内侯，元延元年，特别晋升为皇帝的老师。皇帝每次遇到重大决策，一定和他商议。

有一次，槐里县令朱云上书成帝说："当今朝廷中的大臣，上不能匡正君主，下不能有益于百姓，全都是占着位置白吃饭的。这就是孔子所说的粗陋之人不能侍奉君主吧。我想借助皇帝的尚方宝剑，杀佞臣一人，以警告其他的人。"

成帝问："你准备杀谁呢？"

朱云说："安昌侯张禹。"

成帝大怒道:"你一个小小的臣子以下辱上,在朝堂上侮辱我的老师,实在是犯下了不能赦免的死罪。"

御史要将朱云拉下堂去,但朱云却攀着殿上的栏杆不走,以至攀折了殿槛,他大声说道:"我能与关龙逢、比干游于地下,也满足了。但不知这国家将如何!"

这时,左将军辛庆忌磕头为朱云辩护,朱云才得以赦免。等到修冶殿槛时,成帝说,不要动它,今后以此表彰忠直之臣。

这个例子有许多可借鉴之处,其中一点就是坚持正确的意见,不盲目顺从。今天在处理与上级关系时,也同样如此。但是,像朱云那样以死相抗的做法是不足取的,而应讲究策略和技巧。

金无足赤,人无完人。在市场经济的惊涛骇浪中,局面瞬息万变,上司不论怎样英明,也不可能一贯正确,所以,每个员工在"唯老板命令是从"的树立老板权威的同时,还要适当怀疑老板的批示,不露声色地处处

将来的你，一定会感谢现在拼命的自己

留意和弥补老板的疏忽，以确保公司这条大船顺利航行。

部属会犯错，如果不依照组织的规章制度管理，就会危及内部工作的进行，所以要管理。但是，没有万能的老板，老板也可能出现脑筋转不动的时候，如果员工坐视不管，不理不睬，也可能会危害到员工甚至整个公司。那么，如何给老板指出错误呢？

给上司纠错包含了很大的学问。这种状况要灵活应对，巧妙处理。一方面要看错误的大小，另一方面还要看老板的为人处世风格。

如果老板所犯的只是一些事务性的鸡毛蒜皮的小失误或是小差错，那你大可伸出你的援助之手，给他搭一个台阶；如果老板犯的是非常严重的错误，根本不是你所承担得了的，那你就不能把这个大错误揽到自己身上，那样不但帮不了你的老板，而且你都有可能"性命不保"。

除了错误大小，你还要结合老板的人品和性格做出最后的判断。老板有很多种类，每个老板都有自己的行事风格，有的专制跋扈，有的平易近人，有的处处抓权，有的却喜欢无为而治。不论你的老板是哪种人，大多时候，你看到的也许只是表面，只有在了解老板背后的动机与性格之后，你才有可能对症下药。

不管怎么样，你都要有一种与老板同甘共苦的精神，让老板感知你那份代他受过的诚心。

领导也是人，也希望与下属沟通交流，也希望建立融洽和谐的上下级关系。所以，不要害怕，不要犹豫，勇敢地去做。只要掌握好方法与技巧，那你的职业发展将会比预计的要快很多。

金玉良言

要想指挥他人，首先自己得是个容易被他人指挥的人，这正如要想得到他人的爱，必须首先得学会爱他人一样。

05 赞美，人际关系的润滑剂

赞美是一件好事，但绝不是一件易事，如果赞美得恰到好处，就更难得了。以美丽著名的德文希尔女公爵有一次从马车上下来，附近刚好站着一个清道夫，他正在点烟斗。清道夫看见了女公爵，惊叹之余大声喊："您的眼睛可以点燃烟斗！"此后，不管别人再怎么恭维她，女公爵都觉得索然无味了。

法国作家伏尔泰的好友丰特奈尔是一位有名的科学家和文学家，他97岁时还谈锋甚健。一日，他遇到一位年轻貌美的女子。他对那位女子说了很多恭维话，片刻之后，他再次经过那位女子面前时却没看她一眼。于是那女子对丰特奈尔说："我该怎么看待您的殷勤呢？您连一眼也没看我。"丰特奈尔不慌不忙地回答："我若看您一眼只怕就走不过去了。"

丘吉尔的父亲曾投身于选举，他的母亲到处去为丈夫拉选票。有一天，丘吉尔夫人向一个工人拉选票，那工人却直截了当地拒绝说："不，我当然不会投票给一个到了晚餐时间才起来的懒惰家伙。"夫人闻言非常着

急，连忙向工人解释他听到的是错误的传说。那工人看了夫人一眼，很高

将来的你，一定会感谢现在拼命的自己

兴地说："哇！夫人，您若是我的妻子，我根本就不要起床了。"工人的幽默，对一位贵妇而言也许有点失礼，但英国人通常不认为这是一种失礼，可以一笑置之。

渴望被赞美，喜欢听一些好听话是人的天性。如果要赞美他人，就要花一点心思，赞美到点子上，让他久久难忘，还应时不时地向别人炫耀你对他的评价。

马克·吐温说："只要一句赞美的话，我可以活上两个月。"在潜意识里，我们都渴望别人欣赏的眼神，渴望别人的赞美。由此及彼，别人也渴望我们的赞美。所以，学会赞美别人往往会成为你处世的法宝。赞美作为一种说话的方式，如果我们用得恰当，会取得意想不到的效果。

在人际交往中，赞美不仅表示对对方的认同和好感，更是一种积极的生活态度和行为的体现。赞美可以通过语言表示，也可以通过一系列的行为表示。赞美的目的只有一个——表达出对别人优点和长处的肯定和喜爱。虽然人们对这种处世艺术并不陌生，可是真正善于赞美别人的行家毕竟是少数，因此还是需要通过进一步的学习来完成。

兵家有一句话说得好："兵在精而不在多！"其实人际交往中说话也是如此，不在于你说多少，而在于你能说得恰到好处。能做到这一点，就说明你掌握了人的一个心理：人们都喜欢谈自己的长处和优点，所以也就喜欢说自己好话的人而不喜欢那些夸夸其谈，甚至是"老王卖瓜"式自卖自夸的人。

法国大哲学家洛士佛科说："与人谈话，如果自己说得比对方好，便会化友为敌；反之，如果让对方说得比自己好，那就可以化敌为友了！"无数事实证明：真诚的赞美可以使对方心情愉悦，拉近双方的距离，消除隔阂。因此有人说，赞美之词是世界上最美丽的语言。适当地赞美别人的优点和长处，是正确处理人与人之间的关系的一条重要而实用的法则。

有些成功学专家建议人们在说话时"要以赞美开始"。但是，赞美的话并不是"好听"就行，也有一定的规则可循。

首先，赞美要真诚。赞美绝不可虚伪，一定要真诚。赞美和讽刺的最大区别就在于是否真诚。赞美是真诚的夸奖，是出于心底的一种赞同、佩服。

而讽刺则是一种虚假的赞美,常常通过表面的赞美来达到内心讥讽的目的。

因此赞美对方时,一定要真诚,如果不真诚,对方就会误会你是在讽刺他。千万不要因为自己的一句不真诚的赞美给自己树立一个敌人。

其次,赞美对方要实在。你的赞美之词要和所赞美的对象相匹配,不能太夸张,也不能太不着边际。说一些不实在、让对方接受不了的赞美话的人,也就不是一个值得交往的人。因此,赞美对方要实在,要顾及对方的感受,否则你就会经常"祸从口出"。

最后,赞美要及时。每个人都想在自己做了一件值得称赞的事情之后,立刻受到别人的表扬,越快越好,这是人的一种心理。我们赞美对方要注意对方的这种心理,以最快的速度赞美对方,让对方在第一时间里感受到你的好意。

总之,要恰如其分地赞美别人是件很不容易的事,如果称赞不得法,反而会遭到排斥。为了让对方说出心里话,必须尽早发现对方引以为自豪和喜欢被人称赞的地方,然后对此大加赞美,在尚未确定对方最引以为豪之处前,最好不要胡乱称赞,以免自讨没趣。

老子曰:"美言可以市尊。"从某种角度上讲,如果一个人善于驾驭语言,便可以用之去交换自己所需要的东西。赞美是人际关系最好的润滑剂,它可以让你不费吹灰之力获得好人缘,只要运用得法,必能打开对方的心扉。

金玉良言

赞美好事是好的,但对于坏事加以赞美则是一个骗子和奸诈的人的行为。

06 示弱,退一步海阔天空

大理石雕刻大卫像被公认为意大利艺术家米开朗琪罗最伟大的作品

将来的你,一定会感谢现在拼命的自己

之一。可是很多人并不知道,当米开朗琪罗刚雕好大卫像时,主管官员看过之后,竟然不满意。

"有什么地方不对吗?"米开朗琪罗问。

"鼻子太大了!"那位官员说。

"是吗?"米开朗琪罗站在雕像前看了看,大叫一声:"可不是吗?鼻子

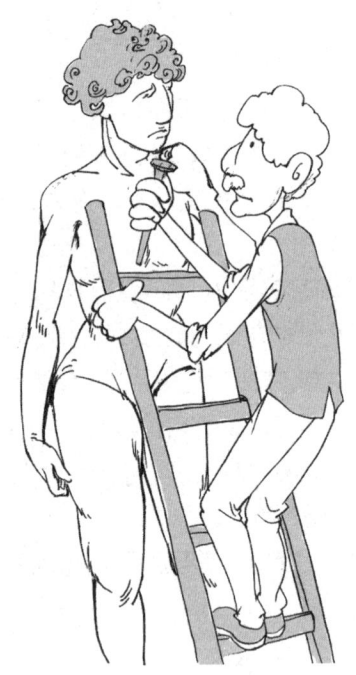

是大了一点,我马上改。"说着就拿起工具爬上架子,叮叮当当地修饰起来。随着米开朗琪罗的凿刀的舞动,掉下许多大理石粉,官员不得不躲开。

隔一会儿,米开朗琪罗修好了,爬下架子,请那位官员再去检查:"您看,现在可以了吧?"

官员看了看,高兴地说:"是啊!好极了!这样才对啊!"

送走了官员,米开朗琪罗先去洗手,为什么?因为他刚才只是偷偷抓了一小块大理石和一把石粉到上面做做样子,从头到尾,他根本没有改动原来的雕刻。

试想:如果米开朗琪罗不这样做,而跟那位官员争论,结果又会怎

样呢?

在沟通的过程中,许多事情是不确定的。它不是一斤、一两,有个标准可以遵循,而常常是凭感觉。所以,"感觉"在沟通中非常重要。常常是当你主动让一步,对方的感觉好了,问题也就得到解决了。

成功者都懂得礼贤下士,保持谦虚。高傲自大只能使人离你越来越远。为人不可骄傲自大,目中无人,即使不如自己的人,在一定场合也要给人一个台阶。

人人都有下不来台的时候,学会给人台阶下,既可以缓解紧张尴尬的气氛,使事情得以正常进行,又能够帮助尴尬者挽回面子,增进彼此的关系。无论是做人还是做事,都应该明白这个道理。

走入社会,形形色色的人你都会遇到:有比你才高的,也有不如你的;有你喜欢的,也有你不喜欢的。这时候,要端正你的心态,不要因为别人不如你或者你不喜欢就连最基本的礼貌也没有了,端出一副目中无人、很不屑的架子,这是职场中的大忌。凡事多考虑几分钟,讲几句关心的话,为他人设身处地想一下,给对方一个台阶下,学会尊重别人,你会受益匪浅。

当你的意见与他人产生分歧时,你是否会考虑一下他人的想法? 在日常生活和工作中,我们的回答往往是否定的。尤其是身居高位者,他们更加碍于面子,不尊重他人的意见,而这样做的后果只能是伤害了他人的自尊心,造成人际关系上的负面影响。

纵使别人犯错而我们是对的,也要给别人台阶下。每个人都有一道最后的心理防线,一旦不给他人退路,不让他人走下台阶,那么就会伤害到他人,造成不愉快的场面。

金玉良言

为人处世应该谨记一条原则:别让人下不了台阶。你给别人一个台阶下,他日人家给你的也许就是一个惊喜。

将来的你，一定会感谢现在拼命的自己

07　掌握事物的主动权

某个犯人被监禁。监狱当局已经拿走了他的鞋带和腰带，以防止他伤害自己。这个不幸的人用左手提着裤子，在单人牢房里无精打采地走来走去。他提着裤子，不仅是因为失去了腰带，还因为他失去了15磅的体重。从铁门下面塞进来的食物都是一些残羹剩饭，他拒绝吃。但是现在，当他用手摸着自己的肋骨时，他嗅到了一种万宝路香烟的香味。

通过门上一个很小的窗口，他看到走廊里的卫兵深深地吸了一口烟，然后美滋滋地吐出来。这个囚犯很想要一支香烟，所以他客气地敲了敲门。卫兵慢慢地走过来，傲慢地哼道："想要什么？"

囚犯回答说："对不起，请给我一支烟……就是你抽的那种——万宝路。"

卫兵错误地认为囚犯是没有权利吸烟的，所以，他嘲弄地"哼"了一声，就转身走开了。

这个囚犯却不这么看待自己的处境。他认为自己有选择权，他愿意冒险检验一下他的判断，所以他又敲了敲门。这一次，他的态度是威严的。

那个卫兵吐出一口烟雾，恼怒地扭过头，问道："你又想要什么？"

囚犯回答道："对不起，请你在30秒之内把你的烟给我一支，否则我就用头撞这混凝土墙，直到血肉模糊，失去知觉为止。如果监狱当局把我从地板上弄起来，让我醒过来，我就发誓说这是你干的。当然，他们绝不会相信我。但是，想一想你必须出席每一次听证会，你必须向每一个听证委员证明你自己是无辜的，你必须填写一式三份的报告，你必须卷入一些棘手的麻烦———所有这些都只是因为你拒绝给我一支劣质的万宝路！就一支烟，我保证再也不给你添麻烦了。"

第六章 良言暖三冬,做一个会说话的高手

听到这些,卫兵立刻从小窗里塞给他一支烟,并替囚犯点上烟。卫兵之所以这样做,是因为他马上明白了事情的得失利弊。

这个囚犯看穿了卫兵的立场和禁忌,或者叫弱点,使自己的要求得到满足———获得一支香烟。

捏住对方的软肋,你就会掌握主动权,控制事态的发展方向。当然,这绝不是鼓励你用邪恶的方式,要挟别人达到自己的目的。而是在合理的范围内,在掌握对手弱点的同时,利用对手。当然,有太多的人不懂得如何明智地运用这条规则,结果大好的机会错失掉了。

金玉良言

要是你想达到自己的目的,你得用温和一点的态度同人家问话。

08 说话如煲汤,关键看火候

小托马斯·约翰·沃森是IBM(国际商用机器公司)的开拓者,一天,一个中年人走进小沃森的办公室,他瞧了一眼小沃森,便毫无顾忌地嚷道:"我

将来的你，一定会感谢现在拼命的自己

没什么盼头了,销售总经理的差事肯定要没了,现在干着没人干的闲差……"

这个人叫伯肯斯托克,是 IBM 公司未来需求部的负责人。他是刚去世的 IBM 公司第二把手柯克的朋友,因为柯克与小沃森是对头,伯肯斯托克心想:柯克一死,小沃森肯定不会放过自己,与其被赶走,不如主动辞职。伯肯斯托克知道小沃森与他父亲一样,脾气暴躁,也很要面子,假若有职工敢

当面向他发火,结果可想而知。奇怪的是,此时的小沃森显得非常平静,脸上还有一丝微笑。伯肯斯托克有些紧张,不是害怕,而是有些纳闷。

"如果你真行,那么,不仅在柯克手下,在我或者我父亲手下都能成功。如果你认为我不公平,那么你就走;否则,你应该留下,因为这里有许多机遇。如果是我,现在的选择就是留下来。"小沃森说。

伯肯斯托克诧异地问:"我刚才的话你没有听见?"

小沃森没有回答,好像真的没有听见一样。

按照正常情况,小沃森实际上早该发火了,因为他绝对无法忍受一个

第六章 良言暖三冬，做一个会说话的高手

员工难听的言语。但是，他在关键时刻把握住了自己说话的分寸，为的就是尽力挽留面前这个人。

因为伯肯斯托克是 IBM 中一个不可多得的人才，在促进 IBM 计算机生产方面，他的贡献最大。

伯肯斯托克曾对小沃森建议："打孔机注定要被淘汰，假如我们不尽快研制电子计算机，IBM 就要灭亡了。"小沃森相信他的话是对的，并听取了伯肯斯托克的建议，可以说伯肯斯托克为 IBM 立下了汗马功劳。伯肯斯托克是幸运的，他得到了小沃森的宽容。也正是这种宽容，才造就了 IBM 的不断发展。小沃森在他的回忆中曾写下这样一句话："在柯克死后挽留伯肯斯托克，是我有生以来所采取的最出色的行动之一。"

小沃森用有分寸的话语，为 IBM 留住了一位不可多得的人才。由此足以证明，分寸在言谈举止中的重要意义。

一句话能把人说笑，也能把人说跳。聪明人懂得说话得体，谨言慎行，更注意说话的分寸。

孔子就是一个懂得说话之道的人，他对待不同的对象，总能说出合适的话。与乡间同僚说话的时候，他说的话实实在在，非常诚实，而且还谦逊恭顺；在宗庙、朝廷上，孔子讲出来的话明白有理；同下大夫说话的时候，孔子说出来的话刚毅而朴直；同上大夫说话的时候，孔子和颜悦色、直言不讳。

作为一代圣人，孔子说话的总原则是诚实、善辩、刚直、和悦。他曾说过这样一段话："陪君子说话容易有二种失误，还没有轮到自己说话却抢先说了，这叫急躁；轮到自己说了却不说，这叫忍隐；不察言观色而说话，这叫瞎子。"这其实是在告诫人们说话要讲究分寸。

说话是一门艺术。过分直言会显得生硬，甚至会令对方尴尬，让人无法接受。最好事先充分把握对方的思想状况、心理状态及其所面临的行为选择，做到对症下药。对其思想行为倾向来说明、陈述利害得失。其中最关键的是要真实可信、有的放矢。

千人千面，每个人都有不同的性格和脾气。有的人注意细节，做什么事都有个讲究；有的人则不拘小节，许多方面都随随便便。说话的时候，

将来的你，一定会感谢现在拼命的自己

稍不留心,就会伤害大家的感情。因此,说话要讲究言辞,掌握分寸。心理学家认为,人们意见、观点一致时,彼此就会相互肯定,反之,就会相互否定。在什么人面前说什么话,首先得细细揣摩对方的喜好,然后尽量迎合他的想法。

说话不当引起的坏效果,甚至比白玉上的瑕疵更严重。《诗经·大雅》中说:"白珪之玷,尚可磨也;斯言之玷,不可为也。"意思是说,玉的缺损,尚且可以把它磨平;可是一旦说话不当,却无法补救。这就是深刻地告诫人们说话要谨慎,卫武公作了这首诗,让人每日在他旁边诵读,用来警醒自己。

古语云:"良言一句三冬暖,恶语伤人六月寒。"所以,说话时一定要注意分寸,不随口乱说,不逞口舌之利,三思而后说,保持慎重的说话风格,才能显示君子风范,远离祸害。

金玉良言

脾气暴躁是人类较为卑劣的天性之一,人要发脾气就等于在人类进步的阶梯上倒退了一步。

09　有胆识,狭路相逢勇者胜

被称为新工业之父的亨利·福特,年轻时在一家电灯公司当工人。有一天,他突发奇想,想要设计一种新型引擎,他把这个想法告诉了妻子。妻子对他的发明研究很支持,还鼓励他说:"天下无难事,你就试试吧!"并把家里的旧棚子腾出来,供福特使用。福特每天下班回到家里,就钻进旧棚子里做引擎的研究工作。冬天旧棚子里冷,他的手都冻出了紫包,身体在寒冷中直发抖,但雄心的火焰在他心中燃烧,他鼓励自己:"引擎的研究已经有了头绪,再坚持干下去就能成功。"亨利·福特充分调动了自身的自动引导系统,在旧棚子里苦干了3年,这个异想天开的稀奇东西终于

问世了。1893年,亨利·福特和他的妻子乘坐着一辆没有马拉的车,在大街上慢慢地前进,街上的人被这景象吓了一跳,有些胆小者还躲在远处偷偷地观看。从这一天起,这个对整个世界都产生深远影响的新工业,就在亨利·福特潜意识的驱动下诞生了。

后来,亨利·福特决定制造著名的V8型汽车,他要求工程师们在一个引擎上铸造8个完整的气缸。工程师们听了都直摇头说:"这不可能。"福特命令道:"谁不想干,就走人!"工程师们谁都不愿失业,只好照着亨利·福特的命令去做。因为他们认为这是一件不可能的事,所以谁都没有把成功输入自己的意识里,这样,潜意识也就闲置起来。6个月过去了,研究毫无进展。亨利·福特决定另外挑选几个对研制V8型汽车有信心的人去完成。他坚信人一旦有了稳操胜券的心理,就有了希望。新挑选的几个工程师经过反复研究,忽然间,好像被一股神秘的力量"击中",终于找到了制造V8型汽车的关键窍门。

这就是胆识的作用。福特就是靠着自己有一颗远大的雄心,敢于冒险的精神,最终成为一个优胜者。

德国诗人歌德说过:"人的潜能就像一种强大的动力,有时候它爆发出来的能量,会让所有的人大吃一惊。"法国作家纪德也曾经说过:"若不

将来的你，一定会感谢现在拼命的自己

先离开海岸，是永远不可能发现新大陆的。"摆在你面前的事情有很多种，有的是轻车熟路，有的是从未干过，有的是很多人都在做。要想成功，就要选择做别人没有做过的事，当然，这需要有冒险的气魄和胆量。

一个人没有胆量，就会安于现状，难以有所突破。生活中，总有一些人，做事老是担心失败，他们总会找出各种各样的理由，阻止自己去冒险。最后，他们一事无成，只能羡慕别人的成功。

中国有句古话，叫"富贵险中求"，本意是利用伪装，冒险取得意想不到的收获，但实质上讲的就是风险和收益的关系。要想"求富贵"，必须先冒风险，没有风险的事情，往往也不会有多大收益，自然也求不到"富贵"。

成功是可以用胆量缔造的。如果没有闯劲，没有胆量，就不会拥有一切。一个真正的企业家不仅要有经营管理的才能，更需要有胆量。古今中外，凡是成功的人都是胆识超常的人。只有具备胆识，才能创大业，才能守大业。康德说：人的心中有一种追求无限和永恒的倾向。聪明的人从来就不甘平庸，他们敢于打破常规束缚，勇敢地追求自己的理想和目标。其实，智者与庸者之间，成功与失败之间，强者与弱者之间，往往就是一点一滴的差别，而这一点一滴，就是胆识。

金玉良言

当你批评比你强的人时，不要徒费心思吹毛求疵，要看到他们的伟大、坚强和胆识，如果可能，还要向他们学习，向他们的目标努力。

第七章

将来的你,一定会感谢现在拼命的自己

●利用良机对常人来说从来都是一个秘密,这也正是高人一等者的力量所在。

●每天勤奋一点点,每天完善一点点,每天主动一点点,每天学习一点点,每天创造一点点……

●没有人生来就会成功,成功在于追求。

将来的你，一定会感谢现在拼命的自己

01　观念改变，人生也就改变

　　一个有善心的富人想帮一个穷人致富。富人送给他一头牛，并嘱咐他，等春天来了好好开荒，并撒上种子，秋天就可以收获粮食，慢慢地就会过上好日子了。

　　穷人对未来充满了希望。可是没过几天，牛要吃草，人要吃饭，日子比过去还难。穷人就想，不如把牛卖了，买几只羊，先杀一只吃，剩下的羊还可以生小羊，长大了再拿去卖，一样可以赚到很多的钱。

　　穷人很快实施了他的计划。只是吃了一只羊之后，剩下的羊还没有生出小羊来，日子又艰难了，于是，他忍不住又吃了一只。穷人想，这样下去可不行，不如把羊卖了，买成鸡，鸡生蛋的速度要快一些，鸡蛋立刻可以赚钱，日子立刻可以好转。

　　穷人又实施了他的计划，但是日子还是很艰难，他忍不住开始杀鸡，终于杀到只剩下一只鸡时，穷人的希望彻底破灭了。他想，致富是无望了，还不如把鸡卖了，打一壶酒，三杯下肚，万事不愁。

　　春天来了，善心的富人兴致勃勃地送种子来，赫然发现穷人正就着菜喝着酒呢，牛早就没有了，屋子里依然一贫如洗。

　　富人转身走了。穷人仍旧一直穷着。

　　拿破仑·希尔曾说过：我们怎样对待生活，生活就怎样对待我们。同样，我们怎样对待别人，别人就怎样对待我们。在一件事情刚开始的心态，决定了最后有多大的成功，这比其他因素都重要。

　　事实上，贫穷或富有都是一种思想。贫穷的思想产生消极的态度，富有的思想产生积极的态度。

　　一个人要想富有就要向富人看齐，要想成功就要向成功者看齐。要不断地追求更高的目标，抓住一切致富的机会，寻找一切致富的办法和途

第七章 将来的你,一定会感谢现在拼命的自己

径。否则,你将永远贫穷。

如果比尔·盖茨没有创造更高价值、拥有更多财富的思想,他不会辍学创业;如果他只是想赚一点小钱,满足自己的生活所需,那么他在20岁的时候就已经实现了这一目标。但他的思想远不止如此,他有更大的财富梦想。因此,他才能成为世界软件行业的领路人,并让自己稳坐世界首富的位置长达十几年。

同样,"石油大王"洛克非勒、"钢铁大王"卡内基、"汽车大王"福特,还有松下幸之助、李嘉诚、王永庆、黄光裕……这些中外财富界的传奇人物,都是因为他们在最初就树立了远大的财富梦想。如果他们没有致富的思想,发财的渴望,他们不可能取得如此巨大的财富。

没有人愿意过贫穷的生活,更没有人愿意一辈子贫穷。一般来说,我们往往能得到自己所期望的东西,并且这种期望越强烈,获得结果的速度也越快。如果没有这种期望,那么我们很难有什么大的收获。

将来的你，一定会感谢现在拼命的自己

穷富并非天注定，而是掌握在我们自己的手里。看看那些白手起家的富翁们，他们在刚起步的时候，未必就比你现在强。俗话说：不怕做不到，就怕想不到。他们之所以能够积聚那么巨大的财富，就是因为他们有着与众不同的思维方式与致富观念。

有些人原本处于社会的底层，但是他们有积极的思想，有正确的态度，渴望财富，所以他们努力奋斗，顽强拼搏，最终获得了成功。然而，也有些人认为自己没有实力、没有机会，不可能拥有财富、获得成功，于是丧失了斗志，没有了自信，变得消沉，结果越发贫穷。

如果你想成为一个富人，那么首先要抛弃贫穷的思想，否则你就很难树立远大的目标，很难树立自己的财富梦想，也就不可能去为获得更多的财富而努力。只有那些确立了致富目标并不断为之付出努力的人，上帝才会眷顾他们，他们迟早会迈入富人的行列。

任何时候，你看得越远，走得也就越远；你看得越高，所能实现的目标也越高，思想永远是获得成功的基础。

然而，很多人没有正确地认识到思想与财富的关系，不能以正确的态度去面对生活。因而虽然付出很多努力，却都白费，没有获得相应的收益。穷人都有一种思维定势，给自己甚至他人的人生设限，认为他们出生在贫民阶层，缺乏创富的原始资本和先决条件，妄自菲薄，为贫穷找借口，安于现状，不敢对财富有更高的追求，不愿确立更高的财富目标。他们甚至觉得自己的努力毫无意义，觉得自己很失败，于是灰心了，退却了，放弃了。思想的偏差导致了他们无效、甚至错误的行动，以致碌碌无为，贫穷一生。

贫穷本身并不可怕，"相信我们是贫穷的，并且应该继续贫穷"这种甘于贫穷的思想和对待贫穷的态度才是致命的。这种思想和态度具有极强的破坏性，它会使我们从思想上对贫穷产生妥协，从而导致行为上的消极堕落。

每个人都有拥有财富、获得成功的可能，前提是要有成功者的思想和态度，要对财富充满强烈的渴望和坚定的信念，要消除心中的疑虑或恐

惧,抹去大脑中失败与贫困的阴影,让自己成为自己思想的主宰。在我们这个时代,思想不仅是精神财富,还是物质化的有形财富。一个思想可能催生一个产业,也可能让一种经营活动产生前所未有的变化。

如果我们能克服内心的贫穷,我们便能克服物质的贫穷,因为当我们的思想和态度发生转变时,我们的实际行动也会发生相应的转变。

所以,从此刻起,你要扔掉你穷人的思维和生活方式,做个全新的自己,用财富的支点支撑自己,努力走向富人的行列。

贫穷本身并不可怕,可怕的是自己以为命中注定贫穷或一定老死于贫穷的思想。

02 居安不思危,人生必临危

宋太祖赵匡胤以其盖世英才夺取了天下。当他的手下石守信等人将黄袍穿在他身上时,他既感到了做皇帝的喜悦,同时又感到了某种危机。他深知,唐朝之所以灭亡,皆因拥兵自重的藩镇势力太强,以致架空了皇帝。为避免重蹈覆辙,他谋算着如何剥夺他手下各路大将的兵权。

一天,他将心腹赵普召至面前问道:"依你来看,自唐末以来,几十年征战不息,皇帝朝现暮隐,如走马观花一般,这到底是何原因?"

赵普想了想说:"依臣看来,这皆因藩镇势力太强大,而皇帝势力太弱小,以此本末倒置自然就无法控制天下了。"

赵匡胤又问:"怎样才能避免这种局面呢?"

赵普毫不犹豫地道:"最好的办法就是削弱他们的势力,控制其钱粮,收编其精兵,天下自然就会安宁。"赵匡胤颔首,沉思良久。

将来的你,一定会感谢现在拼命的自己

过了不久,赵匡胤准备酒宴,相邀跟他几十年征战、战功赫赫并拥有

相当权势的石守信等人赴宴,酒酣耳热之际,赵匡胤突然显得心事重重、忧戚无比地道:"要是没有你们的力量和辅佐,就没有我黄袍加身的今天,我对此厚谊将永生铭记,但也因此而使我寝食难安。早知做皇帝的艰难,还不如像你们一样当节度使快活啊!"

石守信等人面面相觑,不知赵匡胤所说何意,便问道:"陛下如何这样说?"

赵匡胤道:"这道理很简单,因为谁都想身居高位,因而大家就会合谋把皇帝搞掉。"

石守信等人听了惊恐不已,慌忙跪地叩头道:"陛下为何说出这样的话来?"

赵匡胤道:"你们想想看,即使你们没有野心,不想当皇帝,但一旦有一天你们手下的人也像你们拥戴我一样,将黄袍穿在你们身上,你们能推却吗?"

石守信等人这时已完全明白了宋太祖的用心,惊吓得说道:"我们虽然都是些愚蠢的货色,但无论如何也不敢胆大妄为至如此地步,只求陛下怜悯我们,给我们指出一条求生之路。"

宋太祖道:"人生何其短暂,莫不为荣华富贵而奔忙。与其如此,还不如多置田产、金钱、歌儿舞女,享乐此生,荫蔽子孙,这恐怕比舞枪弄刀惬

意得多了。你们如能这样做,我们君臣间也少了许多猜疑,你们以为如何?"

石守信等人忙再拜道:"陛下替臣等想得这么周到,真是胜过亲骨肉啊!"

第二天,石守信等人即称病回家,请求宋太祖解除了他们的兵权,这就是历史上有名的"杯酒释兵权"的故事。

至此,自唐以来藩镇割据,拥兵自重,甚至跟朝廷分庭抗礼的局面结束了,宋王朝迎来一个高度集权化的稳固社会。无论从哪个角度看,宋太祖的转天换日术都堪称统治权变之术的绝顶。

孔子云:"人无远虑,必有近忧。"敏锐地预知未来并采取相应的措施加以预防,这不仅是一种智慧,更是一种韬略。对于封建帝王来说,这种远虑的本领,不仅关系着自身统治的安危,甚至也关系着社稷江山的稳固。

遇事能够超前远虑,在思路上是一种胜境,也是智慧的体现。其实,做事与下棋一样,凡事多想几步棋,方可对你的人生有更好的把握。

不同的人有不同的眼光,有些人比较急功近利,往往只顾眼前利益。这种人目光短浅,虽然会暂时表现得相当出色,却缺少一种对未来的把握和规划能力,做事只停留在现有的水平。然而,有些人在做事上却能高瞻远瞩、目光远大,知道事情的发展方向,知道自己努力的目标,并持之以恒地去做,那么,成功肯定属于他们。

要做到远虑主要有以下两点:

第一,必须战胜自己,要有敢为天下先的勇气。要能够正确地认识自己,把自己的能力、知识、经验、财力等各方面的条件充分考虑一番,能做就做,不能做就暂时放下,等待条件成熟再做。

第二,要有智慧、有眼光、有知识、有经验,更要有坚持己见的自信。因为,并不是所有的人都能够清楚你的计划,因此,坚持也非常重要。

无论做什么事,机会通常偏爱于懂得超前思考的人,比如希腊船王的成功,靠的就是超前远虑而得来的。

将来的你，一定会感谢现在拼命的自己

其实，很多事情并不是我们想象的那么简单，尤其是涉及自己的事业发展方面的大事，或者是涉及经济方面的事，如果考虑不周，大好的机遇就会从我们身边溜掉，再来挽回，就已经是物是人非、时光不再了。而如果用同等的机会，懂得远虑，就会收获更大的成功。

在当今社会，机会非常重要，如果对事情的考虑不够长远，往往会使自己陷入困境。所以，在办事之前，要多花时间去思考，多想几步棋，不要总是拍脑袋做事，即使是一件小事，也要反复思考，防止其产生不良的后果。

那些你能做到的，或你所梦想的，就着手去做。勇敢是激发力量的魔法。

03 敢于尝试，人生才有更多机会

拿破仑问那些被派去探测死亡之路的工程人员："从这条路走过去可能吗？""也许吧。"得到的是不敢肯定的回答，"它在可能的边缘上……""那么，前进！"拿破仑不理会工程人员讲的困难，下了决心。

出发前，所有的士兵和装备都经过严格细致的检查，开口的鞋、有洞的袜子、破旧的衣服、坏了的武器，都马上修补或更换。一切准备就绪，然后部队才开始前进。统帅胜券在握的精神鼓舞着战士们。

战士们皮带上的闪烁光芒，出现在阿尔卑斯山高高的陡壁上，行进在高山的云雾中。每当军队遇到意料不到的困难的时候，雄壮的冲锋号就会响彻云霄。尽管在这危险的攀登中到处充满了障碍，但是战士们一点不乱，也没有一个人掉队！四天之后，这支部队奇迹般地出现在意大利平

第七章 将来的你，一定会感谢现在拼命的自己

原上了。

当这"不可能"的事情完成之后，其他人才意识到，这件事其实是早就可以办到的。许多统帅都具备必要的设备、工具和强壮的士兵，但是他们缺少毅力和决心、缺少尝试的勇气和信心，缺少好心态。而拿破仑不怕困难，在前进中勇敢地抓住了时机。

善于为自己找借口的人把失败归罪于没有机会，但无数成功的事例告诉我们：机会掌握在自己手中。只要义无反顾地遵从自己的心，勇于创造机会，从容面对挑战，你就会像那些屹立在阿尔卑斯山上的战士一样，傲然屹立于自己的人生顶峰。

没有谁在他的一生中，运气一次也不降临。但是，当运气发现你不具备接待它的条件的时候，它就会从门口进、从窗口出了。你和它擦肩而过，是因为你自己没有把握住。

年轻的医生经过长期的学习和研究，他碰到了第一次复杂的手术。

将来的你，一定会感谢现在拼命的自己

主治医生不在，时间又非常紧迫，病人处在生死关头。他能否经得起考验，他能否代替主治医生的位置？机会就在他眼前，他是否敢拿稳手术刀自信地走向手术台，走上幸运和荣誉的道路？这些答案只有他自己知道。

对重大的时机你做过准备吗？除非你做好准备，否则，在机会面前你只会显得可笑。

有一位哲人曾经说过：愚者错失机会，智者善抓机会，成功者创造机会。愚者总是说："只要给我一次机会，我一定会成功。"但是幸运之神好像不大青睐他们，有的人终其一生，也没有获得成功的机会。而事实上，机会无时不在，重要的是当机会出现时，你是否已经做好了充分的准备。没有机会，就要创造机会，有了机会，就要巧妙地抓住。

有时觉得机会时刻伴随在你我左右，而有时又觉得它是那样缥缈，那样可望而不可及。也许有人会感叹自己命运不济，但事实上并非如此，著名剧作家萧伯纳曾说过一句非常有哲理的话："人们总是把自己的现状归咎于运气，我不相信运气。出人头地的人，都是主动寻找自己所追求的运气；如果找不到，他们就去创造运气。"所以你想要成功，想获得机会，就必须行动起来，为机会的到来做准备；当机会到来时，你必须主动伸出双手去抓。人生中许多机会是自己创造的，如果一个人既会利用外界的机会，又能自己创造机会，那么他获得成功的可能性就很大，而且成功的几率也更高。

机会对于有准备的人来说，是通向成功之路的催化剂；对于缺乏准备的人来说，却是一颗裹着糖衣的毒剂，在你还沉浸在获得机会的兴奋之中时，它却会给你致命的一击。

成功的机会对每个人来说都是均等的，但是它不会主动地降临到任何人的头上，它需要你去勤奋争取，努力把握。机会从来不会光顾只会等待的愚者，机会喜欢和有准备、有头脑、善于创造的智者握手。

你还在苦苦地盼望着机会吗？那好，马上去做准备吧！

第七章 将来的你，一定会感谢现在拼命的自己

金玉良言

我们多数人的毛病是，当机会朝我们而来时，我们兀自闭着眼睛。很少有人能够去追寻自己的机会，甚至在被机会绊倒时，还不能见着它。

04 困难，你强它便弱

诺贝尔最初研制炸药时，他所创建的硝化甘油实验工厂曾被炸为灰烬。当时，有5个人被炸死，一个是他正在上大学的弟弟，另外4个是他的亲密助手。

诺贝尔的母亲得知小儿子被炸死的噩耗，悲痛欲绝；年老的父亲因刺激过度引发脑溢血，从此半身瘫痪。人们纷纷像躲避瘟神一样躲着诺贝尔，再也没有人愿意出租房屋给他进行如此危险的实验。

可是，在巨大的失败和痛苦面前，诺贝尔没有退缩。就在爆炸惨案发

生几天后，人们发现在远离市区的马拉仑湖上，出现了一只巨大的船，船上并没有什么货物，而是摆满了各种实验设备。原来，大难不死的诺贝尔在被当地居民赶出来后，跑到这里来继续他的实验工作了。

将来的你，一定会感谢现在拼命的自己

诺贝尔经过反复实验，终于获得了巨大的成功。他发明了雷管，这在科学史上是一个重大的突破。不久，他又在德国汉堡等地建立了炸药公司。

一时间，诺贝尔生产的炸药成了抢手货，源源不断的订单从世界各地纷至沓来，他的财富也与日俱增。不过，此时的诺贝尔仍然没有摆脱挫折的困扰：在巴拿马，一艘满载硝化甘油的轮船在航行途中，因颠簸引起爆炸，整个轮船全部葬身大海；在德国，一家著名工厂因意外而被炸成废墟；在旧金山，运载炸药的一列火车因震荡而发生爆炸……

不幸的消息频频传来，灾难和困境接踵而至。但是，这一切并没有吓倒诺贝尔，也没有让他犹豫不前。凭着坚韧不拔的毅力，他继续前行，最终赢得了巨大的成功。他一生共获得了355项发明专利，并用所获得的巨额财富创设了诺贝尔奖。

我们经常听到这样一句话："坚持就是胜利。"没错，坚持会给胜利创造机会，所以，我们更应该说"困境中更要坚持不懈"。在困境中坚持不懈是一种即使面临失败、挫折仍然继续拼搏的勇气和能力。只要你遇事不轻言放弃，即使困难重重，也一定会坚持到出现逆转，所谓"柳暗花明"就是坚持不懈的结果。

人们常说："天上不会掉馅饼。"这句话是劝诫有些人不要总去想不劳而获。如果从另一个角度理解，这句话也完全可以说成：天上时常掉馅饼。因为一些令人收获的机会是经常出现的，只是它们往往青睐于曾为它付出过的人们。区别仅在于天上掉下的馅饼，如果是掉在一直坚持不懈的人面前，他就有可能接得住；而若掉在"懒汉"那里，他根本没有能力去接，于是只能眼睁睁地看着馅饼掉到地上。用一句话来总结，那就是：机遇只偏爱有准备的人。

敏锐的观察力、果断的行动和坚持的毅力是成功必须具有的要素。你可能用敏锐的目光发现了机遇，同时也能用果断的行动抓住机遇，但是最后还需要用坚持的毅力把机遇变成真正的成功。

成功是美好的，每个人都在努力追求。但成功并不是那么轻易就能获得的，需要人付出艰辛的劳动，一次次尝试和探索。在追求成功的道路

上，有的人浅尝辄止，遇到困难、挫折或失败，就掉头离去。绝大部分错过成功的人是因为缺少坚持的毅力。

在成功过程中持久的毅力非常重要，面对挫折时，告诫自己：坚持，再来一次。这一次的失败已经过去，下一次才是成功的开始。意志力坚强的人懂得培养自己的恒心和毅力，并将它变成一种习惯，无论遭受多少挫折，仍坚持朝成功的顶端迈进，直至抵达为止。

英国首相丘吉尔曾用他一生的成功经验告诉人们：成功根本没有什么秘诀可言，如果真有的话，就是两个：第一个就是坚持到底，永不放弃；第二个就是当你想放弃的时候，回过头来看看第一个秘诀：坚持到底，永不放弃。

努力了，未必能成功，但如果不努力，就一定不会成功。常言道："台上三分钟，台下十年功。"如果没有台下十年功的坚持不懈，台上的三分钟又如何能够大获成功呢？

金玉良言

只有毅力才会使我们成功，而毅力的来源又在于毫不动摇，坚决采取为达到成功所需要的手段。

05 宁可平凡，也不平庸

热弗尔是一位黑人青年，他出生在一个非常贫穷的地方——底特律的贫民区。他的童年缺乏必要的关爱和教导，经常和坏孩子一起逃学、偷盗财物，甚至吸毒。12岁那年，他因为抢劫一家商店而被逮捕。15岁时，他企图撬开别人办公室的保险箱又被逮捕。后来，他又因为参与对一家酒吧的武装打劫而再次被捕，并被送进监狱。

将来的你，一定会感谢现在拼命的自己

一天，他在监狱打棒球时遇到一个年老的囚犯，老囚犯对他说："小伙子，球打得不错，有机会去做一点有意义的事情吧，不要再这样堕落下去，自己把自己毁了。"短短的几句话，在热弗尔的心里掀起了一阵狂澜。他突然意识到，自己如果不及时回头，这一生可能就没有希望了。于是，他决定改过自新，从头再来。虽然自己现在是一个囚犯，但还有作为囚犯的最大自由——改变自己的态度，选择出狱后的生活。既然自己在棒球方面非常有天分，那就在出狱后去做一名职业棒球手吧！他突然振奋起来，相信只要努力，就一定能够改变自己的未来生活。5年后，热弗尔成了全美明星赛中底特律棒球队的队员。

原来，底特律棒球队当时的领队马丁在一次友谊比赛时访问了热弗尔所在的监狱，并发现了热弗尔在棒球方面的天分。在马丁的努力之下，热弗尔被假释出狱，不到一年，他就成了底特律棒球队的主力。

平凡与平庸，是生活的两种状态。平凡和平庸的主要区别在于：平凡，只是代表一个人的工作和生活状态；而平庸，却是指一个人的能力、素质和精神境界。平凡者以君子之心待人，平庸者以小人之心处世。我们可以做一个平凡的人，但绝不能做一个平庸的人！

"人生最大的困扰就是甘于平庸。"所谓甘于平庸，也就是安于现状，不思进取，得过且过，面对困难、挫折，缺乏自信和坚韧；面对人生挑战缺乏勇气和信心。平庸是使人意志消沉的腐化剂，是一个人、甚至整个民族发展的主要障碍。

使一个人平庸的原因是他的心态，这就像一场田径比赛，没有人认为最后一名是平庸的，因为他在拼搏，他在努力，我们几乎很少看到比赛中的最后一名满脸羞愧，他以同样的尊严与热情坚持到最后。而一个连上场的勇气都没有的人，一个以消极心态面对平凡的人，才是一个真正的平庸者，他的悲哀是他将永远成为这个世界的看客而一无所有。

左拉是一位资产阶级改良主义作家。他曾说："没有平凡的经历，就不能产生伟大的业绩。"的确，左拉的经历是平凡的。他幼年丧父，生活贫困。由于他醉心于写作，缺乏经济来源，连生计也成了问题。为了坚持写

第七章　将来的你，一定会感谢现在拼命的自己

作，他把棉衣送进了当铺，只能用被子裹着身子御寒。缺钱买吃的，就拿捕鸟器在屋顶上捕麻雀，烤肉充饥。他顽强地探索自然主义的创作方法，为了实践自然主义理论，从1871年到1893年，他创作了由20部长篇小说组成的《卢贡·马卡尔家族》，轰动了当时的文坛。

可以说，世上没有人甘于平庸，也没有人想默默无闻一辈子，每个人都想创造自己生命的辉煌。没有人生来就会成功，成功在于追求。能成大事者，即便身处最底层，也始终目标明确、信心坚定、思维活跃，所以能够坚持，很快跑到别人前面。

平凡是生命的常态。平凡并不可耻，但平庸却让人鄙视。机遇对每个人都是平等的，就看你是否去寻找机遇，在平凡的事情中做出不平凡的成绩。对待工作，一是不要轻视平凡；二是不要把平凡的工作做成平庸。不要满足于"尚可"的工作表现，要做就努力做到最好，你才能成为不可或缺的人。

将来的你，一定会感谢现在拼命的自己

一个人可以无过人之才，可以无惊世之举，但绝不可以不知为什么而活，不可以没有目标和责任感，更不可以浑浑噩噩，无所事事，无所用心。平庸的理由可以有千万条，但杰出的原因则只需要一点，那就是即使平凡也不能甘于平庸。

在这样一个人人都在向前奔跑的时代，原地踏步或是满足现状，其实已经等于后退，如果你不想被社会淘汰，那么从现在起，拿出不甘平庸的精神和斗志吧！

鹰有时候的确飞得比鸡还要低，可是鸡却从来不能一飞冲天。

06　眼能看多远，脚就能走多远

有两个学生找到导师咨询就业问题。这两个学生天资聪明，成绩都十分优秀，兴趣和爱好也很相同，对于他们来说，有许多工作机会可供选择。当时，导师的一位朋友创办了一家小型公司，正委托导师帮忙物色一个合适的人做助理，于是导师建议两个学生去试试看。

两个学生分别去应聘，第一个前去拜访的叫约翰，面谈结束后他打电话给导师，用一种厌恶的口气说："你的朋友太苛刻了，月薪居然只有400美元，我拒绝了他。现在，我已经在另一家公司上班了，月薪600美元。"

后去的学生叫唐克，开出的薪水也是400美元，但是他却欣然接受了。当他将这个决定告诉导师时，导师问他："如此低的薪水，你不觉得太吃亏吗？"

唐克说："我当然也想赚更多的钱，但是我对你朋友的印象非常好，我觉得只要能从他那里多学到一些经验，薪水低一些也值得。从长远来看，

第七章　将来的你，一定会感谢现在拼命的自己

我在那里工作将会更有前途。"

后来，第一位学生约翰当时在另一家公司的薪水是年薪 7200 美元，现在他也只能赚到年薪 8750 美元；而最初年薪只有 4800 美元的唐克，现在的固定年薪是 20 000 美元，外加红利。

这两个人的差异到底在哪里呢？约翰被最初的赚钱机会蒙蔽了，而唐克却能基于能学到东西的长远眼光来考虑自己的工作选择。

薪水只是工作的一种报偿方式，虽然是最直接的一种，但也是最短视的。一个人如果只为薪水而工作，并不是一种好的人生选择，最终深受其害的会是他自己，因为他忽略掉了从工作中能够获得的更多东西，而不仅仅是装在信封中的钞票。

在当代大多数年轻人眼中，工作就是一种简单的雇佣关系，只为薪水而工作。其实，工作不仅能让我们赚到养家糊口的薪水，还能锻炼我们的意志、拓展我们的才能、完善我们的人格等，并最终让我们赢得社会的尊重，实现自己的价值。

"一分耕耘，一分收获"是每一位职场人员都应该坚信的，只要在自己的岗位上有突出的表现，自己的薪酬状况就一定会改善。况且，工作的目的并不只是为了薪水，能够在工作中不断地学习和积累才是最宝贵的。

工作是获得知识和技能的最好途径。一个人不仅为了薪水而工作。工作给予一个人的不仅是金钱或物质，更是经验、技能的提高，而员工如

将来的你，一定会感谢现在拼命的自己

果具备了丰富的工作经验和高超的技能，加薪也就指日可待了。

美国通用电气公司的前 CEO 杰克·韦尔奇曾说："我的员工中最可悲、也是最可怜的一种人，就是那些一心只想获得薪水，而在工作中的其他方面一无所知的人。"在企业中，只看重薪水的员工，很容易因为懈怠工作而削减自己的创造力，埋没自己的才能。自然，他们也不会主动地学习。东芝株式会社社长土光敏夫就曾说过："为了事业的人请来，为了薪水的人请走。"

微软公司董事长比尔·盖茨也说："如果只把工作当作一件差事，或者只将目光停留在工作本身，那么即使是从事你最喜欢的工作，你依然无法持久地保持对工作的激情。但如果把工作当作一项事业来看待，情况就会完全不同。"

人生档案，自己书写。一名员工过于看重薪水的多少，必然会禁锢自己潜能的发挥，他的人生也将庸庸碌碌。所以，作为一名企业员工，永远不要只为薪水而工作，薪水只是工作的一种报酬，但绝不是最重要的回报。必须了解自己真正需要的是什么，只有这样，才不会因为眼前的利益而落在他人之后。

金玉良言

为什么而工作是人们获得满足的重要的源泉。最主要的答案就在于，工作和通过工作所取得的成就，能激起人们的自豪感。

07 生命，自重则重于泰山

20 世纪 70 年代初，美国麦当劳总公司决定开发台湾市场。在正式进军台湾之前，他们需要在当地先培训一批高级管理人员，于是进行公开

第七章 将来的你，一定会感谢现在拼命的自己

招考。由于他们的要求严格，标准也比较高，许多应试的青年企业家都未能通过。

经过一再筛选，一位名叫韩定国的人脱颖而出。最后一轮面试前，麦

当劳总裁和韩定国谈了三次，并且问了他一个出人意料的问题："如果我们要你去洗厕所，你会愿意吗？"韩定国还没有开口，旁的韩太太便插口答道："我们家的厕所一直都是他洗。"总裁听后非常高兴，免去了最后的面试，当场决定录用了他。

后来韩定国才知道，麦当劳训练员工的第一课就是洗厕所，因为服务业的基本理论是"非以役人，乃役于人"，只有先从卑微的工作做起，才有可能了解以家为尊的道理。韩定国后来所以能成为知名企业家，就是因为一开始就从卑微的工作做起，干别人不愿意干的事。

"低就"不一定就低人一等，关键是抓住一个好机会，再慢慢地施展

195

将来的你，一定会感谢现在拼命的自己

才华，往上升，最后到达顶层。

人生起落自有定数，虽身处低微的地位但不能自轻自贱，而是要能忍受低贱的身份，奋发图强，才能真正走出低微的位置。

人的贵贱得失，重用与不用，努力去做与不做，都应乐天知命，等待时机而行事，不要超出范围随便寻求。《易经》中曾有言："卑下高贵已经显示出来，富贵贫贱已经各得其所。君子虽然独行于世却不担忧，隐世却不感到苦闷。"可见，要做洒脱的君子，就要能降能升，不能由于身处的位置而苦闷。

很多人不是因为被别人看不起而垂头丧气，而是因为自己总是爱贬低自己，所以经常无精打采，毫无斗志。如果你认为自己满身缺点和毛病，如果你自认为是一个笨拙的人，如果你认为自己目前的工作是低微的，那么，你就会因为自我贬低而失败。

即使从事卑微的工作，也要正确认识自己的位置，不能因为他人的冷淡和冷遇而气愤。当自己贫贱时，要以平坦的心态对待他人的居高临下的做法；当自己腾达后，也应以平和的心态来对待。这才是君子的处世方法。

西方学者曾做过一个关于人们心理的调查，他们发现：在西方的一些国家中，工薪阶层之所以贫困和缺乏社会地位，大部分原因在于他们有低人一等的感觉。他们想当然地认为自己低人一等，而不是以勇敢和独立的心态站立于人们面前。

地位卑微与高贵之间，并没有绝对的界限。人生最关键的是把握行动的时机。获得时机就行动，时机未到的时候就时刻做好准备。

人生贵贱，绝非命中注定。"乐天知命而无忧"，这是一个方面，另一方面，也应通过努力，用积极进取的态度来改变自己的境遇，使自己的潜力得到充分的发挥，任何颓唐、丧志的做法都是不可取的。

第七章 将来的你，一定会感谢现在拼命的自己

昨天的太阳，照不到今天的树叶。每一个属于我们生命的太阳是多么好呀！珍惜生命，不在乎得多少钱财和权势，而是生命有没有充分燃烧。

08 成功，永远都留给一直坚持的人

两个渔夫听说海螺在市场上特别抢手，便一大早出去捡海螺。年轻的渔夫心想："我眼睛好使，腿脚又利落，比起那个老渔夫来，我的收获肯定要多得多，而且一定要挑选那些又大又好的。"

一老一少两个渔夫开始捡海螺。老渔夫只要看见海螺就如获至宝地捡起来，年轻人总是撇撇嘴，暗自说："这么小的他也要，都不值得弯一次腰！"

不一会儿，老人的袋子里就有了一小半了，而年轻人的袋子还是空空的。年轻人还是不屑一顾地说："那有什么！我走得快，而且眼睛尖，只要我发现一处海螺多的地方，我弯一次腰就能捡得更多。"

将来的你，一定会感谢现在拼命的自己

年轻的渔夫就这样走了大半天，始终没有发现一处海螺又多又大的地方，他的袋子里还是只有一点，那还是他实在不情愿弯了几次腰得到的收获，而老人的袋子已经满满的了。

晚上，两个人一同回去，遇见另一个渔夫。那个人问道："那个地方的海螺多吗？"

老渔夫乐呵呵地回答说："多啊！很多呀！你看我一天捡了这么多呢！"

年轻渔夫的声音同时也夹杂在里面："哪儿有什么海螺啊！一块地方只有零星的几个，不值得捡！"

小的不要，零散的不要，又怎能有丰厚的积累。没有一点点的电火花就没有震耳惊雷。大海之所以浩瀚博大，是因为它视每一滴水为珍贵，从不肯放弃一点点的溪流。

中国有句古语："不积跬步，无以至千里。"说的也是这个道理，量变积累到一定程度才会发生质变。从平凡到优秀，再到卓越，并不是一件多么艰难的事，只要你坚持每天进步一点点。每一个大的成功背后，都是由一点一滴的小进步积累而成的。

每天进步一点点是我们确保工作与生活高效的重要原则。每天提高1%的威力是无穷的，只要我们有足够的耐力，坚持"第28天"后，你的进步程度会让自己感到惊讶。

每天进步一点点，难的就是一直坚持，热情和劲头不会随意波动，每天都要给自己一个雷打不动的前进目标，而且每天都要把它完成好。一点点进步可能并不引人注目，就是这一个个不引人注目的进步，最终获得了意想不到的成就。

每天进步一点点，没有不切实际的幻想，只是在向有可能到达的地方奔跑和追赶，不需要付出太大的代价，只要努力，就可达到目标。

有时候，我们明明知道应该做什么，却没有坚持下去的力量。聚沙成塔、集腋成裘的道理每个人都懂，但是很少有人将这些道理付诸行动，而成功的人往往就是将这些道理变成行动的人，并且坚持到底、绝不放弃，

哪怕只是一点点；只要这样，一切都会由量变转化成质变；只要这样，你就会迈向成功的彼岸。

一个人如果每天都能提高一点点，就没有什么能阻挡他抵达成功。成功与失败的距离其实并不遥远。很多时候，它们之间的区别就在于你是否每天都在提高你自己。

只要你每天勤奋一点点，每天完善一点点，每天主动一点点，每天学习一点点，每天创造一点点……只要每天进步一点点，并坚持不懈，有一天你就会惊奇地发现，在不知不觉中，你已经在人群中脱颖而出。

金玉良言

一个人给予别人的东西越多，而自己要求的越少，他的运势就越好；一个人给予别人的东西越少，而自己需求的越多，他的运势就越坏。